Die Technologie der Seifenpulver und pulverförmigen Waschmittel

Von

Theodor Klug, Chemiker

TECHNISCHER VERLAG HERBERT CRAM, BERLIN W 35

1951

Druck: Walter de Gruyter & Co., Berlin W 35

INHALTSANGABE

Seite

Einleitung 5

1. Der Waschvorgang 7

2. Die Wirkung der Waschmittel 9

3. Der Fettansatz 12

4. Die Herstellung der Seife für Seifenpulver: 13
   aus Neutralfetten 14
   aus Fettsäuren 15
   aus fertiger Kernseife 16

5. Die weiteren Rohstoffe 16
   Ätznatron 16
   Soda 17
   Wasserglas 20
   Natriumsulfat 21
   Zelluloseverbindungen 21
   Perborat und Perkarbonat 22
   Wasser 23
   Phosphate 25
   Die synthetischen Waschmittel 25

6. Die Zusammensetzung der Waschmittel 28
   Reines Seifenpulver 28
   Seifenpulver mit 15—40% Fettsäure 29
   Waschpulver ohne Seife 30
   Mersolatpulver 32

7. Das Nässen der Waschpulver 32

8. Die Eigenschaften, die ein gutes Waschpulver haben soll 33

9. Der Mischvorgang 33

10. Der Kristallisationsvorgang 37
   Das Tenneverfahren 37
   Das Sprühverfahren 38
   Spezialverfahren 45

11. Der Mahlvorgang 47

12. Das Trockenmischen 53

13. Das Verpacken 53
   Von Hand 53
   Maschinell 54
   Loses Waschpulver 58

14. Der Verbrauch an Waschmitteln 58

Register 59

EINLEITUNG

Die Herstellung der Seifenpulver, überhaupt der pulverförmigen Waschmittel, hat in den letzten Jahrzehnten einen riesigen Aufschwung erlebt. Nicht nur, daß es heute kaum noch Seifenfabriken gibt, die kein Seifenpulver herstellen, sondern es sind Spezialfabriken entstanden, die sich ausschließlich der Fabrikation pulverförmiger Waschmittel widmen, und die sich zu einer ganz ungeahnten Produktion entwickelt haben. Das Seifenpulver ist heute ein bedeutender Verbrauchsartikel geworden, der für den Haushalt nicht mehr wegzudenken ist. Durch die Einführung der sogenannten selbsttätigen Waschpulver ist den Hausfrauen der Waschtag gegen früher sehr leicht gemacht worden. Es sind vor Jahren in den Fachblättern große Debatten über den Wert oder den Unwert solcher Seifenpulver mit oder ohne Sauerstoffbleichmittel entstanden. Die Gegner haben es jedoch nicht vermocht, sich durchzusetzen oder den Verbraucher von ihrem Standpunkt zu überzeugen. Im Gegenteil kann man behaupten, daß trotz aller Anfechtungen der Verbrauch der Seifenpulver unaufhaltsam gestiegen ist und die Stimmen der Gegner, die in der Hauptsache in den Reihen der konservativen und allen Neuerungen abholden alten Seifenfabrikanten zu finden waren, verstummten allmählich.

Die handelsüblichen Seifenpulver zeigten meist, d. h. in normalen Zeiten, eine gleichmäßige Zusammensetzung, nur schwankte der Gehalt an Fettsäure oft sehr bedeutend. Dieser bewegte sich zwischen 5—40%, bei etwa 30—45% Soda, 25—30% Wasser und einigen Prozenten Wasserglas.

Der ungeahnte Aufstieg der Seifenpulver ist wohl ihrer bequemen Anwendungsform zu verdanken. Sie lösen sich leicht in Wasser, lassen sich in jeder Menge dosieren und in ansprechenden Paketen aufbewahren.

Waschpulver, die unter 5% Fettsäure enthalten, sollte man nicht als Seifenpulver bezeichnen. Sie sind eigentlich nur Einweichmittel oder Scheuermittel. Pulver ganz ohne Fettgehalt sind in großen Mengen als „Bleichsoda“ im Handel und dienen zum Einweichen der Wäsche und zum Enthärten des Waschwassers. Der Name Bleichsoda besagt nicht, daß diese Mittel einen bleichenden Zusatz enthielten. Durch seinen Gehalt an Wasserglas erhält es die Wäsche weißer, da letzteres die gelösten Eisensalze des Waschwassers, die durch den Sodagehalt der Pulver als Eisenhydroxyd auf die Wäschefaser niedergeschlagen würden, bindet. Diese Eisenverbindungen werden dann mit dem Spülwasser entfernt. Einmal abgesetzter Rostschlamm wird allerdings nicht mehr erfaßt. So hat man festgestellt, daß die Wäsche, die oft mit eisenhaltigem Wasser gewaschen wird, mit Waschmitteln ohne Wasserglas allmählich vergilbt, während sie mit solchen mit Wasserglas rein weiß bleibt.

Das Seifenpulver wurde in den früheren Jahren von den Seifenfabriken als Stiefkind behandelt und nur dazu benutzt, alle möglichen Abfälle, vom Fußboden zusammengekratzte Seifen- und Fettabfälle oder auch versalzene und dunkelbraun gewordene Leimkerne, die man zu Kernseife zu verwenden sich nicht mehr getraute, ohne nennenswerten Verlust unterzubringen. Daß man aus solchem Kehricht keine Ware herstellen kann, die beim Verbraucher Anklang findet, versteht sich am Rande. „Kratzen und Kehren" half in diesem Falle nicht, den Seifensieder ernähren, sondern seine Kundschaft verlieren. Es ist besser und rentabler, seinen Betrieb so zu halten, daß gar nicht erst gekratzt zu werden braucht, und mit einigermaßen modernen Einrichtungen ist das auch möglich. Was dann noch zusammengekehrt wird, gehört auf den Müllhaufen. Auch Seifenpulver will genau so behandelt werden wie Ia. Grundseife, dann bekommt man anständige Preise und auch ausreichenden Verdienst. Das war der Grundsatz aller speziellen Seifenpulverfabriken, die sich auch in den schwersten Zeiten haben halten können, in denen manche Seifenfabrik das Zeitliche segnen mußte.

Als dann der Chemiker das Natriumperborat in den Handel brachte, und einige findige Köpfe dieses als wertvollen Zusatz zum Seifenpulver verwendeten in der Absicht, den Waschprozeß mit einem Bleichvorgang zu verbinden, wodurch tatsächlich der Hausfrau der Waschtag sehr erleichtert wurde, erschien wieder der Chorus der Neider, die um den Absatz ihrer Seife bangten. Sie bekämpften den aktiven Sauerstoff mit allen Mitteln und dichteten ihm verheerende Wirkungen an mit dem Erfolg, daß sie mit ihrem aussichtslosen Kampf die Zeit und den Anschluß verpaßten und den Siegeslauf dieses modernen Waschmittels nicht aufhalten konnten. Als das Kampfgeschrei verstummte, blieb ihnen nichts anderes übrig, als das neue Mittel auch zu verwenden und priesen es von Stund an über alle Maßen.

Das Perborat zeigt eine kräftige, aber im Verhältnis zum Chlor sehr milde Bleichwirkung. Wenn in der vergangenen Kriegszeit das Seifenpulver ohne dieses Bleichmittel hergestellt wurde, so lag dies bestimmt nicht daran, um die Wäsche zu schonen — wie dem Volke propagandistisch vorgemacht wurde —, sondern daran, daß man keine Borsäure mehr einführen konnte. Für Wäschereien wurde dann im Laufe des Krieges ein Ersatzmittel, das Natriumperkarbonat, geschaffen, das eine ziemlich gleiche Wirkung zeigt, jedoch weniger stabil ist. Trotzdem das Perborat ein ziemlich kostspieliges Präparat ist, und das Waschmittel ganz erheblich verteuert, wurde der Absatz immer größer, und dieses von den Hausfrauen gern gekauft. Für den Absatz eines Seifenpulvers genügt es nun nicht allein, daß man ein erstklassiges Produkt auf den Markt bringt, sondern man muß auch über die Wirkung und den Anwendungserfolg seiner Ware genauestens unterrichtet sein. Derjenige Seifen- oder Seifenpulverfabrikant wird die besten Erfolge haben, der selbst ein Wäschereifachmann ist oder zumindest über den Waschprozeß eingehende Kenntnisse aufzuweisen hat.

Für Überlassung von Bildmaterial sei nachstehenden Firmen besonders gedankt:

Firma Aug. Krull, Maschinenfabrik in Helmstedt i. Br.

Firma Hempel & Reichert in Lahr/Schwarzwald.

Firma Lurgi Gesellschaft für Wärmetechnik m. b. H. in Frankfurt/M.

Firma Josef Werneke, Düsseldorf.

1. DER WASCHVORGANG

Die meisten Reklamationen über Waschmittel sind in einer unsachgemäßen Behandlung oder Anwendung von seiten des Verbrauchers begründet. Es ist Sache des gewissenhaften Herstellers, hier aufklärend zu wirken über Anwendungsweise und Behandlung. Deshalb seien hier kurz die Grundzüge des Waschprozesses aufgeführt.

Der Waschprozeß verläuft in drei Phasen:

1. das Einweichen,
2. das Waschen und Kochen der Wäsche,
3. das Spülen evtl verbunden mit Bleichen.

Gut eingeweicht, ist halb gewaschen. Und gut einweichen kann man nur mit weichem Wasser. Das haben schon unsere Urgroßmütter gewußt, die meist nur dann gewaschen haben, wenn die Regentonne voll war. Durch die Zivilisation ist aber, wenigstens in den Städten, das Regenwasser der allgemeinen Benutzung entzogen worden. Nur auf dem Lande findet man an den Hausecken noch die aufgestellten und sorgsam gepflegten Regentonnen. Hier macht natürlich das Einweichen und Waschen keine Schwierigkeiten. Aber die

Haushalte in den Städten müssen das Wasser verbrauchen, das ihnen die Wasserleitung liefert. Und das ist zum Waschen infolge seiner Härte meist höchst ungeeignet. Hier muß unbedingt die Aufklärung einsetzen, daß Wasser vor dem Waschen enthärtet werden muß.

Bei richtiger, dem Härtegrad des Wassers entsprechender Enthärtung z. B. mit Bleichsoda, wird der Waschprozeß erheblich erleichtert, da die ganze verwandte Seife ausgenutzt werden kann. Während die Wäschefaser bei Benutzung von hartem Wasser durch die darin befindlichen Härtebildner hart und grau wird, wird sie beim Waschen mit weichem Wasser geschmeidig. Die ausfallende Kalkseife setzt sich auf der Faser fest, macht sie rauh, hart und grau. Oberstes Gebot ist also für den ganzen Waschprozeß: **Weiches Wasser!**

Zur Errechnung der Enthärtungsmittel diene folgendes Beispiel: Zur Verfügung steht ein Leitungswasser von 10° d. H. und zu einer normalen Wäsche werden 50 Liter gebraucht. Diese enthalten also 5 Gramm Kalk (CaO). Nach der Gleichung

$$CaO + Na_2CO_3 = CaCO_3 + Na_2O$$

benötigen 56 Mol Kalk 106 Mol kalzinierte Soda zur Umsetzung. Mithin braucht man für die 5 Gramm Kalk, die in dem Waschwasser enthalten sind, rund 9,5 Gramm Soda. Eine gewöhnliche Bleichsoda enthält etwa 40% Soda, sodaß also zur vollständigen Enthärtung 25 Gramm Bleichsoda aufgelöst werden müßten. Da aber die Einweichlauge etwas alkalisch sein muß, um den Schmutz zu lösen, und hierzu muß die Lauge etwa 0,05% Soda enthalten, braucht man noch weitere etwa 50 Gramm Bleichsoda, so daß im Ganzen 75 Gramm des Einweichmittels gebraucht werden.

Außer dieser haushaltsmäßigen Enthärtung gibt es noch andere Verfahren, die in dem Kapitel „Wasser“ ausführlich behandelt sind. Jeder Wäsche hat die Enthärtung des gesamten Wassers, auch des ersten Spülwassers vorauszugehen. Das Einweichbad lockert nun den größten Teil des Schmutzes in der Ruhe. Je schmutziger eine Wäsche ist, desto mehr Einweichmittel muß angewandt werden. Am besten wird das Einweichen über Nacht vorgenommen.

Der Kochprozeß wird kalt angesetzt, sonst brennt der Schmutz fest in die Faser ein. Die eingeweichte Wäsche kommt in die **kalte** Kochlauge und wird dort langsam zum Kochen gebracht. Man vermeidet starkes und zu langes Kochen, weil dies der Wäsche sehr schadet. Wenn die Flüssigkeit etwa 10 Minuten in Siedetemperatur bleibt, so genügt das. Gewöhnlich ist mit dem Kochprozeß der Bleichvorgang verbunden, vor allem bei Verwendung der sauerstoffhaltigen Waschpulver.

Nach dem Kochen beginnt ein überaus wichtiger Arbeitsgang: das Spülen. Richtiges Spülen wird leider noch viel zu wenig geübt. Schlechtes Spülen bedingt dumpfen Geruch der Wäsche, da die nicht restlos ausgespülte Seife ranzig wird, und vorzeitigen Verschleiß, da sich in der Wäsche noch Waschmittel befinden, die eintrocknen. Vor dem ersten Spülen ist die Wäsche noch stark mit Kochlauge gefüllt, die auch noch erhebliche Mengen Schmutz enthält. Bringt man nun auf diese heiße Seifenlösung hartes Wasser, so ist es klar, daß dabei eine große Menge Kalkseife auf der Faser niedergeschlagen wird. Aber nicht nur das, sondern der in der gebrauchten Kochlauge enthaltene Schmutz wird wieder mit niedergeschlagen. Die Folge ist, daß die Wäsche grau wird, der Kochprozeß war also umsonst. Grundregel ist: Zuerst mit wenig, aber heißem Wasser spülen. Dann wird mit warmen Wasser gespült und zum Schluß 2—3 mal mit sehr viel kaltem Wasser.

2. DIE WIRKUNG DER WASCHMITTEL

Die modernen Theorien über die Wirkung der Waschmittel sind für den Seifensieder ebenso wichtig wie die Herstellung selbst. Der Seifensieder soll ja nicht nur wissen, wie man eine Seife oder ein Waschmittel schlechthin aufbaut und anfertigt, sondern es ist für ihn ebenso wichtig zu wissen, wie sein Produkt waschen wird, und wie er die Waschwirkung auf das höchste Maß bringen kann. Dies ist in jetziger Zeit besonders angebracht, da infolge Mangels an Rohstoffen die gute alte Seife immer seltener wird und dafür Ersatzstoffe herangezogen werden müssen, die den Eigenschaften der Seife einigermaßen entsprechen müssen.

Eine frühere Theorie besagte, daß die Waschwirkung der Seife auf der hydrolytischen Abspaltung des Alkalis beruhe, welches auf das Fett des Schmutzes verseifend wirke, wobei der Seifenschaum als mechanisches Transportmittel den Schmutz umhülle und forttrage. Diese Theorie ist unbedingt falsch, denn ein abgespaltenes Alkali kann niemals fettige Bestandteile verseifen, da es sich sonst ja gar nicht erst von der Fettsäure, an das es gebunden ist, losreißen würde. Gegen diese Theorie spricht weiterhin die Tatsache, daß auch unverseifbares Maschinenöl durch gelöste Seife ebensogut entfernt wird.

Während Krafft der Ansicht ist, daß die Waschwirkung auf dem gleichzeitigen Vorhandensein von Alkali und Fettsäure beruhe, was sich in der emulgierenden Fähigkeit der Seife äußere, heben auch andere Fachleute das Emulgiervermögen hervor und schreiben dieser Eigenschaft in der Hauptsache die Waschwirkung der Seife zu.

Unter Emulsion versteht man nun ein Gemisch zweier Flüssigkeiten, die sich sonst nicht miteinander mischen. Man erhält in erster Linie solche Emulsionen, wenn man emulgierende Stoffe, sogenannte

Emulsoide, verwendet, deren Lösung in Wasser kolloidal ist. Versucht man z. B. Öl in Wasser zu emulgieren, so ist eine bestimmte Kraft aufzuwenden, um die Emulsion zustande zu bringen. Dabei wird das Öl in immer kleinere Tröpfchen verteilt, d. h. die Oberfläche des Öles wird stark vergrößert. Läßt man diese Emulsion ruhig stehen, so werden sich die fein verteilten Tröpfchen wieder zu größeren zusammenziehen und zwar wird dieser Vorgang solange andauern, bis sich Öl und Wasser wieder vollkommen getrennt haben. Nach dieser Trennung hat das Öl wieder die kleinste Oberfläche angenommen.

Den Widerstand, den eine Flüssigkeit einer solchen Emulsion entgegensetzt, nennt man die Oberflächenspannung. Sie wird also ausgedrückt in der aufzubringenden Kraft, um die Oberfläche einer Flüssigkeit um ein bestimmtes Maß zu vergrößern. Läßt diese Kraft nach, so wird die Oberflächenspannung die Gesamtoberfläche des Öles wieder auf das Kleinstmaß bringen. Das Emulgiervermögen hängt also mit der Oberflächenspannung eng zusammen.

Setzt man nun die Oberflächenspannung des Wassers durch Zugabe von Seife herab, so wird die Emulsion leichter d. h. mit weniger Kraftaufwand vor sich gehen. Ebenso wird auch die einmal hergestellte Emulsion weit stabiler sein. Es wird also diejenige Seife oder dasjenige Waschmittel das beste sein, das die Oberflächenspannung am meisten herabsetzen kann. Beim Waschen wird es sich demnach darum handeln, den von der Faser abgelösten Schmutz zu emulgieren und so fest zu halten, daß er sich nicht wieder auf der Faser niederschlagen kann.

Das Ablösen des Schmutzes von der Faser oder überhaupt von seinem Untergrund ist die Folge des Adsorptionsvermögens des betreffenden Waschmittels. Bringt man auf ein Filterpapier Ruß und übergießt diesen mit reinem Wasser, so wird nur klares Wasser durchlaufen. Übergießt man jedoch den Ruß mit einer Seifenlösung, so nimmt diese Rußteilchen mit durch das Filter. Das ist ein ähnlicher Vorgang wie beim Waschen. Die Waschlauge dringt durch das Gewebe und nimmt dabei den auf der Faser liegenden Schmutz mit fort, man kann sagen, daß die Affinität des Schmutzes zur Seife größer ist als zur Faser, somit ist es nicht möglich, daß der einmal abgelöste Schmutz sich während des Waschprozesses wieder auf dem Waschgut absetzt.

Eine weitere wichtige Eigenschaft der Seife ist das Netzvermögen. Taucht man in Wasser ein sehr enges Glasröhrchen, eine Kapillare, so steigt darin das Wasser bis zu einer gewissen Höhe empor. Diese Kraft, die das Wasser in die Röhre hineinzieht, nennt man Kapillarität. Das feine Gewebe der Textilstoffe, die Poren der

Haut, Löschpapier usw. sind nun eine große Ansammlung vieler Kapillaren. Bringt man diese in Wasser, so wird letzteres in den feinen Kanälchen emporsteigen, d. h. sie durchdringen oder benetzen. Das wird um so schneller und besser gehen, je größer die Kapillarität, das Netzvermögen, ist.

Diese drei Eigenschaften: 1. **das Netzvermögen,** also die Eigenschaft das Waschgut schnell zu befeuchten und in allen Teilen zu durchdringen, 2. **das Adsorptionsvermögen,** den festsitzenden Schmutz vom Gewebe loszureißen, 3. **das Emulgiervermögen,** den gelockerten Schmutz zu umhüllen, festzuhalten und fortzutragen, ausgedrückt in der Schaumkraft, machen das Wesentliche aller Waschmittel aus und sind in der Seife, dem Prototyp aller Waschmittel, in bisher unerreichter Weise vertreten.

Die in den vergangenen schweren Kriegsjahren und noch vielmehr in den katastrophalen Nachkriegsjahren hergestellten Waschmittel leiden nun alle an einer Krankheit: an dem teilweise oder sogar gänzlichem Fehlen von Seife. Es galt und wird auch heute noch für eine lange Zeit gelten müssen, den Ersatzwaschmitteln solche Stoffe einzuverleiben, die obige Eigenschaften zum Teil wenigstens mitbringen.

Während des Krieges war der wichtigste Austauschstoff für Fett das Mersol. Das mit Ätznatron neutralisierte Mersol, das Mersolat, zeigte an sich eine ganz gute Schaumkraft, jedoch war der Wascheffekt desselben sehr schlecht. Erst durch Zusätze verschiedener Art kam man zu guten Resultaten. Die Zusätze waren einmal Zelluloseverbindungen (Tylose, Fondin, Relatin). Diese ergeben mit Wasser kolloidale Lösungen, die also geeignet sind, der Waschflotte ein bestimmtes Maß von Emulgiervermögen zu verleihen. Der Zusatz bewegte sich zwischen 0,75 bis 2% auf den Gesamtansatz und erfolgte in gelöster oder in trockener Form. Ein anderer Zusatz war das Metasilikat, das auf das Adsorptionsvermögen Einfluß hatte. Ferner verwandte man, wenigstens in der ersten Zeit, als die Stoffe noch zu haben waren, Phosphate in ortho- und pyro-Form, die das Netzvermögen wesentlich förderten. Die Oberflächenspannung kann wesentlich herabgesetzt werden durch Zugabe von Hexalin, Methylhexalin, höhere Alkohole, sulfonierte Kohlenwasserstoffe, Cyklonole usw. Sobald diese Stoffe wieder zu haben sein werden, sollte man sich ihrer schnellstens bedienen. Andere etwa noch zu verwendende Kolloide seien nur kurz angeführt. Sie sind nicht neu, sie sind alle schon einmal dagewesen und zwar in den Jahren nach dem ersten verlorenen Weltkrieg. Aber sie verschwanden und gerieten wieder in Vergessenheit in dem Maße, als uns reichlich Fett für die Seife zur Verfügung stand. Von den anorganischen Kolloiden seien erwähnt: Wasserglas, Magnesium- und Aluminiumsilikate (Ton), Magnesium- und Aluminiumhydroxyde, von den organischen: Galle, Saponine, Eiweißstoffe, Eiweißabbauprodukte, Kasein, und tierischer Leim.

3. DER FETTANSATZ

Der Fettansatz richtet sich ganz nach der Marktlage. In den früheren guten Zeiten, als man in unserm Vaterlande noch alles haben konnte, nahm man zu guten Seifenpulvern nur gutes Palmkernöl, Kokosöl und Talg. Diese Fette ergaben sehr harte Seifen, aus denen gut mahlbare Pulver resultierten, bei denen in der maschinellen Weiterverarbeitung überhaupt keine Schwierigkeiten entstanden. Erst nach der Devise „Kanonen statt Butter" begannen die Schwierigkeiten, die manchem Praktiker Kopfschmerzen verursachten, die aber durch seine Fähigkeiten und durch unermüdliches Probieren einigermaßen gelöst wurden. Die Fette wurden schließlich so sparsam, daß für Seifenpulver überhaupt kein Fett mehr zur Verfügung stand. Hier sezte der deutsche Chemiker ein und stellte uns einen Austauschstoff zur Verfügung, der uns wohl die größten Schwierigkeiten bereitete und uns vor schier unlösbare Aufgaben stellte. Aber sie wurden gelöst und zwar — und das war das Hauptverdienst dieses Stoffes — durch eine in der Geschichte der Seifenindustrie erstmalig erlebte Einigkeit. Was früher nie zur Wirklichkeit wurde, vollendete sich in dieser Notzeit sehr schnell. Jeder fing an zu probieren und tauschte seine Erfahrungen selbstlos mit seinen Kollegen aus, ja es wurden dann sogar gesammelte Erfahrungen durch Reichsstellen schriftlich veröffentlicht. Und so gelang es in verhältnismäßig kurzer Zeit, gute Verarbeitungsverfahren anwenden zu können. Dieser Stoff war das bekannte Mersol (Paraffinsulfochlorid), das durch Neutralisation mit Ätznatron das Mersolat (paraffinsulfosaures Natrium) ergab. Dieses Mersolat wurde dann wie Seife weiterverarbeitet.

Dieser Austauschstoff war in den vergangenen Notzeiten unsere Rettung, sonst wäre die Herstellung der Waschmittel ganz und gar in Frage gestellt gewesen. Es war kein Ersatz im gewöhnlichen Sinne, es war etwas Gutes, und die daraus hergestellten Waschmittel ließen nichts zu wünschen übrig.

Bei den in den letzten Kriegs- und Nachkriegsjahren hergestellten niedrigprozentigen Seifenpulvern konnte man zur Not auch Fette verwenden, die ziemlich weich waren. Die oben erwähnten Schwierigkeiten des schweren Mahlens wurden nahezu durch Erhöhung des Sodagehaltes ausgeglichen. Harte Fette standen zu dieser Zeit überhaupt nicht zur Verfügung und so mußte auf Fette zurückgegriffen werden, aus denen man in Friedenszeiten kaum Wagenschmiere hergestellt hätte. Pechschwarze Fettsäuren, der letzte Rest aus der Destillation, zudem als Gemisch aller möglichen undefinierbaren Fettreste, das waren die Rohstoffe, über die der Seifensieder für Seifenpulver verfügen konnte. Das Resultat war trotzdem befriedigend und hat das Können des deutschen Seifensieders unter Beweis gestellt.

Die Fettansätze richten sich, wie oben bereits gesagt, ganz nach der Marktlage. Am besten geeignet sind die stearinreichen Fette wie Talg, Knochenfett, Palmöl, ein gewisser Zusatz von gehärtetem Waltran (Hartfett) und bis zu 20% Palmkern- oder Kokosöl. Harz ist zu vermeiden, da es das Pulver klebrig macht und die Mühlen verstopft.

Bei Seifenpulvern bis zu 15% Fettsäuregehalt verwendet man am besten nur Kokos-, Palmkernöl oder synthetische Fettsäure und erhält dadurch sehr gut schäumende Pulver. Bei solchen über 15% nimmt man noch tierische Fette wie Talg usw. in den Ansatz und erhält dadurch sehr feinblasigen und beständigen Schaum. Bestimmte Rezepte hierfür aufzustellen wäre sinnlos, da sich dieses wie gesagt ganz nach dem Angebot richtet. Manche Fette werden überhaupt nicht mehr zu haben, andere werden knapp sein; es muß der Findigkeit des Fachmannes überlassen bleiben, hierfür den richtigen Ausweg zu finden. Auch empfiehlt es sich, Ausschau zu halten nach Austauschprodukten, die irgendwo als vorläufig nicht verwertbare Abfallstoffe anfallen und — wenn nicht gerade fettähnliche —, so mindestens seifenähnliche Eigenschaften aufweisen. Alles, was schäumt, müßte einer genauen Prüfung auf Waschfähigkeit unterzogen werden. Ebenso alles, was emulgierend wirkt. Durch Zusätze verschiedener Art wird dann auch ein noch einigermaßen gutes Pulver resultieren.

Bei Perboratpulvern darf man keine Öle oder Fette mit hoher Jodzahl verwenden, da sonst der aktive Sauerstoff diese ungesättigten Fettsäuren oxydiert und somit der Sauerstoff für den Waschprozeß verloren ginge.

Sofern die Auswahl der Fette genügenden Spielraum läßt, ist ein Fettansatz mit einem Gesamttiter von 30—35° C am günstigsten.

4. DIE HERSTELLUNG DER SEIFE

Die Herstellung der Seife erfolgt

a) durch Verseifung von Neutralfetten, wobei das entstehende Glyzerin möglichst vollständig abgeschieden werden muß. Als Fette kommen in Betracht: Kokosöl, Palmkernöl, Palmöl, Talg, Knochenfette, Abdeckereifett, gehärtete Waltranöle, sonstige hydrierte

Fette, jedenfalls stearinreiche Fette. Flüssige Öle ergeben schmierige, schwer mahlbare Pulver.

b) durch Fettsäure aus oben erwähnten Fetten. Die Herstellung aus Fettsäuren ist am rationellsten, da hierdurch die Möglichkeit besteht, falls die Fettsäuren rein sind, direkt Leimseife herstellen zu können, die sofort zu Pulver weiter verarbeitet werden kann.

c) durch vorhandene Kernseife. Diese wird auf einem Teil der zu verwendeden Soda geschmolzen. Hierbei muß man sich selbstverständlich vergewissern, daß die Seife aus den oben erwähnten Fetten hergestellt worden ist.

Die Herstellung der Seife aus Neutralfetten

Die Herstellung der Seife aus Neutralfetten erfolgt ebenso sorgfältig, wie man sonst Kernseife siedet. Das heißt, die Seife muß mit mäßigem Stich abgerichtet, und es muß auf sorgfältige und vollständige Verseifung der Fette geachtet werden. Unverseiftes Fett ergibt schmierige und ranzige Pulver. Ebenso muß das Glyzerin möglichst vollständig abgeschieden werden, da es die später zuzusetzenden Bleichmittel oxydieren würde. Auf gutes Absetzen der Unterlauge ist zu achten, da zurückgebliebenes Salz das Pulver zum Nässen bringt.

Ist man sich über den Fettansatz im Klaren, so stellt man daraus zunächst eine reine Kernseife her, die man entweder durch Ausschleifen des auf der Unterlauge gesottenen Kerns durch Wasser bis zum Beginn einer Leimbildung oder auf Leimniederschlag fertig macht. Beide Methoden haben den Zweck, alle Unreinigkeiten mit dem überschüssigen Wasser und Alkali auszuscheiden.

Das Ausschleifen wendet man bei allen tierischen Fetten und bei pflanzlichen Ölen mit einer Verseifungszahl bis etwa 200 an, also Sojabohnenöl, Erdnußöl, Palmöl. Die Methode des Leimniederschlags wird bei Mitverwendung von Kokosöl und Palmkernöl angewendet und wird dadurch hervorgerufen, daß man den fertig abgerichteten Seifenleim mit starkem Salzwasser oder Ätznatronlauge soweit trennt, daß eine Leimabscheidung erfolgt.

Man bringt den Fettansatz in den Siedekessel und verseift bei Anwendung von Dampf mit etwa 30grädiger Lauge, die man aus einem höher stehendem, mit einem Flüssigkeitsmesser versehenen Laugenbehälter direkt in den Siedekessel einlaufen läßt. Man benötigt für je 100 kg Fett ungefähr 65 kg Lauge. Zunächst kommt etwa der zehnte Teil der notwendigen Lauge zu dem Fett, man bringt mit Dampf zum Sieden, worauf bald Verband entsteht, und läßt dann unter weiterem ruhigem Kochen die Lauge langsam zufließen. Der Seifenleim wird immer dicker und man muß darauf achten, daß stets genügend Lauge vorhanden ist, um ein plötzliches Dickwerden (Zusammenfahren) der Seife zu vermeiden. Sollte dies dennoch einmal geschehen, so muß man schnellstens entweder ganz starke Lauge (40° Bé) oder starkes Salzwasser (24° Bé) zugeben, um den Leim hinreichend flüssig zu bekommen. Meistens genügt 1% Salz auf den Fettansatz gerechnet.

Hat man nun auf diese Weise die vorher berechnete Menge Lauge bis auf einen kleinen Rest zugegeben, so wird der Seifenleim auf dem Probierspatel geprüft. Die Seife muß zäh und klar auf dem Spatel liegen und der Stich soll mäßig sein. Hat man sich davon überzeugt, daß nach längerem Sieden der Stich der gleiche geblieben ist, so beginnt man mit dem Aussalzen. Man streut Salz allmählich auf die Seife unter ständigem Kochen. Die Seife reißt allmählich auseinander und die Unterlauge beginnt, sich auszuscheiden. Letztere muß klar bleiben und darf beim Erkalten nicht gallertartig werden. Ist dies der Fall, so ist zuviel ungebundenes Alkali vorhanden, das durch Zugabe von Fett oder besser Fettsäure neutralisiert werden muß. Nunmehr bleibt nach Abstellen des Dampfes die Seife einige Stunden ruhig stehen, damit sich die Unterlauge gut absetzen und dann abgezogen werden kann.

Bis hierher ist das Sieden beider Methoden gleich.

Fertigmachen durch Ausschleifen: Ist die Unterlauge gut abgesetzt, und abgelassen, so gibt man einige Töpfe ganz schwache Lauge in den Kessel und kocht wieder auf. Der strotzige Kern wird dadurch schwach verleimt: Auf dem Probespatel muß die Unterlauge etwas leimig fließen. Alsdann wird der Kessel gut zugedeckt und zwecks Absetzen der Unterlauge einige Stunden der Ruhe überlassen, um dann weiter verarbeitet zu werden.

Fertigmachen auf Leimniederschlag: Nach dem Ablassen der Unterlauge bringt man die zur Verseifung des Palmkernöls nötige Lauge (auf 100 kg Palmkernöl etwa 79 kg Lauge 30° Bé) in den Kessel, kocht auf und bringt nun allmählich das Palmkernöl hinzu. Zum Schluß prüft man die Abrichtung, die bei längerem Sieden die gleiche bleiben muß. Darauf trennt man den Leim mit starkem Salzwasser. Der Leim geht schon mit geringen Mengen Salzwasser aus dem Verband und setzt den Leim leicht ab. Bei einer Probe auf dem Spatel müssen sich beim Ablaufen trockene Stellen zeigen, die Seife muß beim Aufwerfen flattern und bei einer Druckprobe zwischen den Fingern leicht nässen. Dann wird der Kessel gut zugedeckt und über Nacht stehen gelassen. Die Seife wird darauf zur weiteren Verarbeitung abgepumpt. Der im Kessel verbleibende Leim wird mit

Fett oder Fettsäure ausgestochen und abgesalzen, die Unterlauge abgezogen und der Leimkern zum nächsten Sud verwendet.

Die Herstellung der Seife aus Fettsäuren

Stehen zur Verseifung Fettsäuren zur Verfügung, so ist das Fertigmachen dieser Seifen genau so wie oben beschrieben. Man verseift natürlich mit Ammoniaksoda. Bei der Verseifung muß man wissen, wieviel Prozent freie Fettsäuren der Ansatz enthält, berechnet danach die Menge Soda und stellt die Lösung im Kessel auf 30° Bé. Sobald diese kocht, läßt man die Fettsäuren zulaufen. Die Masse steigt und man hat nur dafür zu sorgen, daß die Seife nicht zu dick wird, damit die Kohlensäure leicht entweichen kann. Es wird weiter bis zur vollständigen Entfernung der Kohlensäure gekocht. Dann gibt man zum Schluß die zur Verseifung des noch vorhandenen Neutralfettes nötige Ätzlauge zu, wonach die Seife das kernige Aussehen verliert und ebenso glatt wird, wie die aus reinen Neutralfetten gesottene. Das Aussalzen und Fertigmachen ist das gleiche wie oben beschrieben.

Bei einigermaßen reinen Fettsäuren stellt man im Siedekessel gleich eine Leimseife her, in die dann die übrigen zur Seifenpulverherstellung nötigen Rohstoffe eingemischt werden. Man umgeht somit das Aussalzen und Schleifen. Dieser kurze Weg ist natürlich nur bei reinen Fettsäuren, die hoch gespalten sind, möglich, da sonst Glyzerin und Unreinigkeiten in der Seife verbleiben. Bei einer rationellen und spezialisierten Seifenpulverfabrikation geht man von einer immer gleichen Leimseife mit gleichem Fettsäuregehalt aus. Die noch heiße, flüssige Leimseife wird in heizbare Vorratsbehälter gepumpt, von denen aus die Weiterverarbeitung erfolgt.

Ausgang von fertiger Kernseife

Geht man von fertiger Kernseife aus, was wohl nur in kleineren Fabriken üblich ist, so kocht man die zerkleinerte Seife auf einer Sodalösung auf und stellt so eine Leimseife her, die dann unter Berücksichtigung der bereits angewandten Soda weiter verarbeitet wird.

5. DIE WEITEREN ROHSTOFFE

Ätznatron

Während früher das Ätznatron ausschließlich durch Umsetzen von Soda mit Ätzkalk hergestellt wurde:

$$Na_2CO_3 + Ca(OH)_2 = 2\,NaOH + CaCO_3$$

wird es heute nur noch durch Elektrolyse von Kochsalz nach dem Diaphragmaverfahren dargestellt. Nach diesem Verfahren wird eine Kochsalzlösung unter Verwendung einer porösen Tonzelle elektrolysiert. An der Anode entwickelt sich Chlor, das auf Chlorkalk weiterverarbeitet wird, und an der Kathode bildet sich bei Abscheidung von Wasserstoff Natronlauge, die durch geeignete Absperrorgane von Zeit zu Zeit abgelassen, eingedampft, geschmolzen und in eiserne Trommeln gegossen wird. Die Bereitung der Lauge ist höchst einfach. Man schlägt von den eisernen Trommeln die Kopfbleche ab und hängt die ganze Trommel mittels eines Flaschenzuges in einen Lösebehälter mit Wasser, so daß die Trommel eben mit Wasser bedeckt ist. In kurzer Zeit löst sich das Ätznatron ohne Wärmezufuhr von selbst auf, wobei die Flüssigkeit heiß wird. Man kann hierbei die stärksten Konzentrationen herstellen.

Soda

Für die Darstellung der Soda kommen zwei Verfahren in Betracht. Das Leblanc'sche Verfahren wird heute wohl kaum noch angewandt. Es zerfiel in die folgenden Einzelprozesse:

1. Umwandlung von Kochsalz in schwefelsaures Natrium durch Erhitzen mit Schwefelsäure:

$$2\,NaCl + H_2SO_4 = Na_2SO_4 + 2\,HCl.$$

2. Überführung des Sulfates in kohlensaures Natrium durch Glühen mit Kohle und Kalk:

$$Na_2SO_4 + 2\,C = Na_2S + 2\,CO_2$$
$$Na_2S + CaCO_3 = Na_2CO_3 + CaS.$$

3. Reinigung der Rohsoda und Kalzinieren.

4. Wiedergewinnung des Schwefels aus den Rückständen der Fabrikation. Ein Übelstand der Sodaerzeugung nach Leblanc waren die Rückstände, die nach dem Auslaugen der Schmelze hinterblieben. Sie enthielten den gesamten in den Prozeß eingeführten Schwefel, der an Kalk gebunden war.

Das andere Verfahren, das Ammoniak- oder Solvayverfahren, bietet dagegen viele Vorteile. Es beruht darauf, daß sich Kochsalz mit doppeltkohlensaurem Ammonium in schwerlösliches Natriumbikarbonat und Chlorammonium umsetzt:

$$2\,NaCl + 2\,NH_4HCO_3 = 2\,NaHCO_3 + 2\,NH_4Cl.$$

Durch Erhitzen geht das Natriumbikarbonat in Natriumkarbonat (Soda) über:

$$2\,NaHCO_3 = Na_2CO_3 + H_2O + CO_2.$$

Das bei diesem Verfahren anfallende Chlorammonium wird durch Destillation mit Kalkmilch wieder zerlegt:

$$2\,NH_4Cl + Ca(OH)_2 = 2\,NH_3 + CaCl_2 + 2\,H_2O$$

und das frei werdende Ammoniak wieder in den Prozeß eingeführt.

Es finden also folgende Operationen statt:

1. Darstellung der Kohlensäure durch Brennen von Kalkstein.
2. Herstellung einer ammoniakalischen Lösung von Kochsalz und Sättigen dieser mit Kohlensäure.
3. Trennung des sich abscheidenden Bikarbonats von der Mutterlauge und Umwandlung in Soda.
4. Wiedergewinnung des Ammoniaks aus den Salmiaklaugen durch Destillation mit Kalk.

Die Kohlensäure wird in Schachtöfen erzeugt und die Kochsalzlösung durch Auflösung von Kochsalz in Wasser bereitet. Da sich die im Salz enthaltenen Verunreinigungen, besonders Kalk und Magnesium, bei der Behandlung mit Kohlensäure als Karbonate abscheiden würden, entfernt man sie dadurch, daß man die Salzlösung mit ammoniakhaltigem Wasser behandelt und die Salzlösung durch Filter von den ausgefällten Stoffen trennt.

Die Sättigung der Salzlösung mit Ammoniak wird in Kolonnenapparaten ausgeführt, in die unten gasförmiges Ammoniak eintritt. In diesen Apparaten wird die Salzlösung gezwungen, sich wiederholt über eine große Oberfläche zu verteilen, wobei niedere Flüssigkeitsschichten entstehen, durch die das Ammoniak streichen muß, wodurch eine innige Berührung zwischen Salzlösung und dem Ammoniak erzielt wird. Zur Sättigung der ammoniakalischen Salzlösung mit Kohlensäure dienen ebenfalls hohe Kolonnenapparate von 15 bis 20 Meter Höhe, in die die Kohlensäure unten eintritt, während die Kochsalzlösung von oben über Platten herabrieselt. Aus dem unteren Teil des Apparates fließt die mit Kohlensäure gesättigte Lösung ab, die das Bikarbonat als Niederschlag mit sich führt.

Das Bikarbonat wird von der Mutterlauge durch Nutschfilter getrennt, mit kaltem Wasser gewaschen und durch Erhitzen in geschlossenen Apparaten, um die entweichende Kohlensäure wieder zu gewinnen und in den Prozeß zurückzuführen, in normales Karbonat (Soda) übergeführt. Wenngleich dieses Verfahren hier sehr einfach erscheinen mag, erfordert es sehr komplizierte Apparate, so daß die Anlagekosten einer Ammoniaksodafabrik sehr bedeutend sind. Die nach diesem Verfahren hergestellte Soda ist sehr rein und enthält gewöhnlich 99% Reinsoda. Es werden zwei Sorten in den Handel gebracht: leichte und schwere Soda. Letztere ist für das Seifenpulver schlecht geeignet, da sie keine voluminösen Pulver ergibt. Man verlange ausdrücklich **leichte** Soda. Sie kommt in Säcken zu 100 kg und in Papiersäcken zu 50 kg in den Handel. In größeren Fabriken, die geeignete Entladevorrichtungen, wie Elevatoren oder Sauganlagen haben, kann die Soda auch in loser Schüttung in Waggons geliefert werden. An Ort und Stelle wird sie dann in Silos untergebracht. Daß die Soda trocken zu lagern ist, versteht sich von selbst. Feucht gelagerte Soda wird durch Wasseraufnahme steinhart und kann nur nach feiner Vermahlung weiter verarbeitet werden.

Eine Untersuchung auf Reinheit ist in den meisten Fällen überflüssig. Will man sich trotzdem über die Reinheit vergewissern, was in gewissen Zeiträumen immerhin zu empfehlen ist, so genügt eine sehr einfache Untersuchung: Man löst etwa 1 kg kalzinierte Soda in 10 Liter Wasser heiß auf, sorgt für vollständige Lösung, läßt 10 Minuten ruhig stehen und gießt die Flüssigkeit vorsichtig bis auf einen kleinen Rest ab. Ein etwaiger Rückstand wird auf ein Filter gebracht, gewaschen, getrocknet und gewogen. Man ist manchmal erstaunt, welche Menge kleiner Steinchen, Kohle, Asche usw. dabei gefunden werden.

Bei der Einmischung der Soda in die Mischmaschine oder den Rührkessel tut man gut, diese durch ein Sieb von etwa 5 mm Maschenweite (am besten als Rüttelsieb, um Stauungen zu vermeiden) laufen zu lassen. Man erspart sich dabei unliebsame Überraschungen an der Mühle, dem Sichter und den Packmaschinen. Durch dieses vorsorgliche Sichten sind sehr oft dicke Schraubenbolzen, Muttern, ja ganze Gewichtsstücke gefunden worden, die auf dem Wege von der Herstellung bis zum Verbraucher durch Unachtsamkeit in die Soda gelangen. Man stelle sich vor, wenn so ein Fremdkörper wie z. B. ein Gewichtsstück von 1 kg oder eine zöllige Schraubenmutter in die Schlagkreuzmühle mit einer Umdrehungszahl von 3000 in der Minute gerät. Ein Aufreißen der Siebeinlage ist dabei noch der geringste Schaden, Abbrechen von Vorbrecherzähnen oder Schlagkreuznocken sind schon fataler. Der Verfasser hatte sich in seiner 25jährigen Praxis eine Sammlung solcher Fremdkörper angelegt, in der vom kleinsten Nagel bis zum kompletten Kugellager alles vertreten war. Die Krone dieser „Funde“ war eine zum Glück entschärfte Eierhandgranate.

Die Soda ist der Hauptbestandteil aller Waschpulver und ist durch nichts zu ersetzen. Bei den hochprozentigen (30—40%) Pulvern beträgt der Sodazusatz 20—25%, bei den niedrigprozentigen geht man bis zu 50%. Höher sollte man nicht gehen, da dann das Pulver zu alkalisch wird und die Wäsche leicht vergraut. Andererseits muß soviel Soda vorhanden sein, daß das zugegebene Wasser restlos gebunden wird. Das Verhältnis von Soda zu Wasser ist 1:1 bis 1:1½, wobei natürlich zu dem reinen hinzugegebenen Wasser auch das von der Seife und dem Wasserglas mitgebrachten gerechnet werden muß.

Wasserglas

Das Wasserglas besteht aus Silikaten des Natriums und wird durch Verschmelzen von Kieselsäure in Form von Quarzsand oder Infusorienerde mit Natriumsulfat oder Soda unter Zusatz von Kohle erhalten. Das feste Produkt wird dann in horizontalen, rotierenden Trommeln unter Dampfdruck in Wasser gelöst und kommt in einer Stärke von 38 bis 40° Bé in den Handel. Das Wasserglas wird in Fässern von etwa 400 kg oder in Kesselwagen angeliefert. In kleineren Fabriken wird es wohl gleich von den Fässern aus verarbeitet, während es in mittleren und großen Fabriken entweder von den Fässern oder dem Kesselwagen in große Behälter abgelassen oder gepumpt wird.

Im Winter muß es frostfrei lagern, da es sonst fest wird und nur durch Erwärmen weiter verarbeitet werden kann. Bei der Bestellung verlange man ausdrücklich filtriertes.

Über den Wert oder Unwert des Wasserglases ist viel geschrieben und debattiert worden. Das eine steht jedoch fest und wird von jedem Wäschereisachverständigen bestätigt werden: ohne Wasserglas erhält man keine weiße Wäsche. Selbstverständlich darf der Zusatz eine bestimmte Grenze nicht überschreiten, denn auch hier gilt: Allzu viel ist ungesund! Über 10% Wasserglas sollte man nicht gehen. Wasserglas hat die Eigenschaft, in Gegenwart von Soda Eisen an sich zu reißen und zwar nur gelöste Eisensalze. Einmal abgesetzter Rostschlamm wird nicht mehr entfernt. Auf dieser Eigenschaft beruht der Name „Bleichsoda“. Dieses Einweichmittel hat an sich keine bleichende Wirkung. Aber dadurch, daß es eben gelöste Eisensalze bindet, kann sich das Eisen nicht mehr auf der Wäsche niederschlagen und diese bleibt dann rein weiß, während bei Nichtverwendung von Wasserglas sich das durch die Soda ausscheidende Eisen als Rost auf der Faser festsetzt und damit die Wäsche mit der Zeit vergilbt. Außerdem wirkt das Wasserglas auf die vorübergehende Härte des Wassers.

Man mischt dem Waschpulver etwa 9—15% oft noch mehr hinzu. An Stelle des flüssigen Wasserglases verwendet man oft auch Metasilikat entweder mit 5 oder 9 Mol Wasser, in Pulverform. Da das Metasilikat nahezu den 4fachen Gehalt an Alkali hat als das übliche Wasserglas, braucht man hiervon nur etwa 3—5%.

Natriumsulfat

Der Zusatz von Natriumsulfat (Glaubersalz) hat nur den Zweck einer Streckung oder einen solchen, Wasser zu binden, wenn der Sodazusatz eine bestimmte Grenze nicht überschreiten soll. Deshalb kommt auch nur kalziniertes Natriumsulfat in Frage. Es darf wohl unbestritten sein, daß Natriumsulfat für den Waschprozeß vollkommen wertlos ist. Es ist nur Füllkörper und bleibt daher besser heraus. Einen Einfluß auf die Waschwirkung hat es nicht. Ist man gezwungen, es zu verwenden, so verlange man nur eisenfreies. Das gewöhnliche gemahlene Glaubersalz wird in Säcken sehr schnell knochenhart. Man mahlt es deshalb erst kurz vor der Verarbeitung. Nur eine Fabrik (Kaiserroda) liefert ein Glaubersalz, das nicht zusammenbackt. Es ist frei rieselnd und läuft wie Wasser. Es geht somit sehr leicht über Elevatoren, Transportschnecken usw.

Natriumsulfat wird immer nur in Kriegszeiten gebraucht, wenn nicht genügend Soda zur Verfügung steht und verschwindet bei Eintritt normaler Zeiten von selbst wieder. Es hat einen großen Nachteil bei der Seifenpulverherstellung, da es kristallisationshemmend wirkt, vor allem beim Versprühen. Am besten gibt man es dem fertigen Pulver als wasserfreies Sulfat zu.

Zelluloseverbindungen

Die Natriumsalze der Zelluloseglykolsäure sind gute Quellkörper und kommen unter dem Namen Tylose, Fondin, Relatin in den Handel. Diese liefern kolloide wäßrige Lösungen, die Pflanzenschleimen ähneln, sich in ihren Eigenschaften jedoch von diesen wesentlich unterscheiden. Sie besitzen ausgeprägte Emulgier-, Binde- und Verdickungswirkung. Die Haltbarkeit der Lösungen ist unbegrenzt, sie können auf 50 bis 70° C erhitzt werden. Bei höheren Temperaturen tritt langsam Ausflockung ein. Salzlösung bis etwa 20° Bé kann beigemischt werden, bei höheren Konzentrationen tritt ebenfalls Ausflockung ein, besonders in der Wärme.

Man setzt zweckmäßig 1—3% zu. Wie mehrfach erwähnt wurde, haben alle synthetischen Waschmittel einen Nachteil, daß sie kein Schmutztragevermögen haben. Es ist deshalb nicht zu umgehen, daß diesen Mitteln Zelluloseester zugesetzt werden, die diese Eigenschaft in besonderem Maße aufweisen. Diese Zusätze haben aber nur Sinn bei fettlosen oder mit Mersolat hergestellten Waschmitteln. Sie erhöhen die kolloiden Eigenschaften, wirken also auf die Oberflächenspannung und das Schmutztragevermögen. Da bei Vorhandensein von Seife diese Eigenschaften von letzterer mitgebracht werden, erübrigt sich hier der Zusatz und würde das Pulver nur unnötig verteuern.

Natriumperborat und Natriumperkarbonat

Das Natriumperborat ($NaBO_3 + 4 H_2O$) ist das Natriumsalz der Überborsäure und enthält 10,3% aktiven Sauerstoff. Es kommt als weißes kristallinisches Pulver in den Handel und gibt bei seinem Zerfall in einer wäßrigen Lösung Wasserstoffsuperoxyd bzw. Wasser und Sauerstoff unter Bildung von Natriummetaborat ab:

$$NaBO_3 + H_2O = NaBO_2 + H_2O_2.$$

Das Natriumperborat ist ein ideales Sauerstoffpräparat, da seine beiden Zerfallsprodukte antiseptische Wirkung zeigen. Den Zerfall

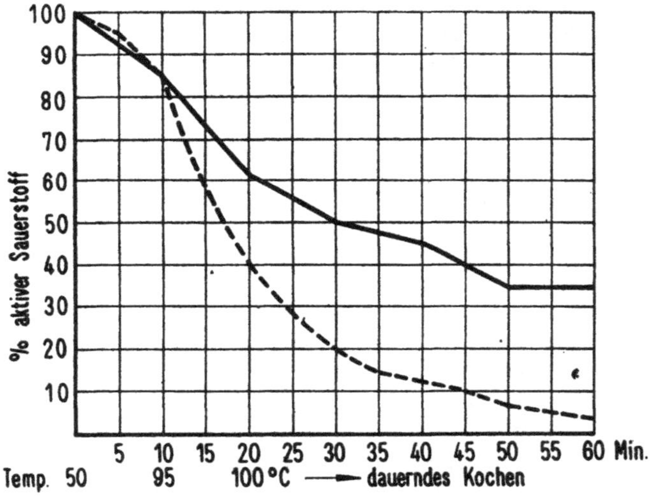

Abnahme des aktiven Sauerstoffes in heißen Lösungen von Na-perborat.

– – – – 1 %ige Lösung von Perborat

——— 2 %ige Lös. v. Seifenpulver m. 10 % Perborat

des Perborats zeigt nebenstehende graphische Darstellung. Eine reine wäßrige Lösung zerfällt beim Erhitzen nach den ersten zehn Minuten rasch und hat nach 1 Stunde nahezu allen Sauerstoff verloren. In einer Lösung mit Seifenpulver, und zwar wurde hierbei ein Friedensseifenpulver benutzt, zeigt sich, daß letzteres auf die Abspaltung des Sauerstoffs eine stabilisierende Wirkung hat. Die Abgabe des Sauerstoffs erfolgt in heißer Lösung während einer Stunde ziemlich gleichmäßig. Die Lösung zeigt nach Ablauf einer Stunde noch etwa 30% des ursprünglich vorhandenen Sauerstoffs. Der Vorgang der Bleichung ist also nicht stürmisch, sondern wirkt allmählich, woraus zu schließen ist, daß die Einwirkung auf die Faser sehr milde ist.

Das Natriumperkarbonat (Na_2CO_4) ist weniger stabil und ist für Seifenpulver nur in Kriegszeiten benutzt worden, da es dann an der nötigen Borsäure mangelte. Es zerfällt ziemlich rasch, hat aber die gleiche Bleichwirkung und liefert beim Zerfall für die Wäsche nur nützliche Produkte. Der Zerfall geht nach folgender Gleichung vor sich:

$$Na_2CO_4 + H_2O = Na_2CO_3 + H_2O_2.$$

Über diese Bleichmittel ist viel geschrieben worden. Konservative Herren wollten durchaus nichts davon wissen. In der Fachzeitschrift „Die Seifensieder-Zeitung“ sind im Sprechsaal vor vielen Jahren monatelang ganze Artikel über „Sauerstofffraß“ erschienen und namhafte Fachleute haben sich die Finger wund geschrieben mit dem Ergebnis, daß sich der gefürchtete Sauerstoff doch siegreich durchgesetzt hat. Und mit vollem Recht! Richtig angewandt, haben diese selbsttätigen Seifenpulver eine fabelhafte Wirkung und sind durchaus unschädlich. Dort, wo Sauerstofffraß festgestellt worden ist, beruht dies bestimmt auf unsachgemäßiger Anwendung. Selbstverständlich kann man das Bleichmittel oder das selbsttätige Pulver nicht trocken auf die Wäsche streuen, sondern muß es vorher gut auflösen.

Wasser

Um von vornherein jede Ablagerung von Kalkseife zu vermeiden, sollte man nur weiches Wasser nicht nur zum Waschen, sondern auch schon bei der Herstellung von Seifenpulver verwenden. Wenn man bedenkt, daß bis zu 35% Wasser im Waschpulver enthalten sind, so können diese bei harten Wässern schon einen beträchtlichen Teil der Seife zu nichte machen. Bei einem normalen Ansatz von 1000 kg Pulver werden etwa 350 kg Wasser gebraucht. Bei einer durchschnittlichen Härte von 10° d. H. entsprechen diese einer Menge von 35 g Kalk (CaO). Diese vernichten 350 g Fettsäure, die als Kalkseife dann unwirksam in der Masse enthalten sind. A. a. O. wurde erwähnt, daß man jährlich 200000 to Pulver herstellen muß, um den Bedarf zu decken. Diese enthalten 70 Millionen Liter Wasser, die bei obiger durchschnittlichen Härte von 10° d H. 70000 kg Fettsäure in Kalkseife umwandeln würden. Diesen Scherz können wir uns nicht leisten. Also verlohnt es sich schon, zur Waschmittelherstellung das Wasser zu enthärten.

Dieses erreicht man durch verschiedene Verfahren:

1. Enthärtung durch Ätzkalk und Soda.

Die im Wasser in Lösung befindlichen Kalk-, Magnesium- und

Eisensalze werden durch einen vorher berechneten Zusatz von Kalk und Soda ausgefällt. Kalk und Magnesium befinden sich im Wasser als Bikarbonate in Lösung und werden durch Ätzkalk als normale, unlösliche Karbonate ausgeschieden:

$$Ca(HCO_3)_2 + Ca(OH)_2 = 2\,CaCO_3 + 2\,H_2O$$
$$Mg(HCO_3)_2 + Ca(OH)_2 = CaCO_3 + MgCO_3 + 2\,H_2O$$
$$MgCO_3 + Ca(OH)_2 = CaCO_3 + Mg(OH)_2.$$

Der im Wasser noch befindliche Gips ($CaSO_4$), der durch Ätzkalk nicht erfaßt wird, wird dann durch Soda zur Ausfällung gebracht:

$$CaSO_4 + Na_2CO_3 = CaCO_3 + Na_2SO_4.$$

Es entsteht also an Stelle des Gipses das viel weniger schädliche Natriumsulfat. Ein Kalküberschuß ist dabei unbedingt zu vermeiden, da er ja das Wasser wieder hart machen würde. Dieses Verfahren ist nur nach einer vorausgegangenen Analyse auf die Härtebildner erfolgreich anwendbar.

2. Enthärtung durch Trinatriumphosphat.

Bei der Enthärtung mit Trinatriumphosphat wird durch dieses sowohl die Karbonat- als auch die Gipshärte ausgeschieden. Die Enthärtung geht nach folgender Gleichung vor sich:

$$3\,CaO + 2\,Na_3PO_4 = Ca_3(PO_4)_2 + 3\,Na_2O,$$

wobei an Stelle von CaO ein beliebiges wasserlösliches Kalksalz treten kann.

3. Enthärtung durch Basenaustausch.

Diese apparative Enthärtung erfolgt mit Permutit, Invertit oder Wofatit. Diese Verfahren beruhen auf der Beobachtung, daß künstlich hergestellte Aluminatsilikate in gemahlenem bis grobkörnigem Zustande die Fähigkeit besitzen, Alkali gegen alkalische Erden (Calcium und Magnesium) aus Lösungen auszutauschen. Diese Silikate bilden gewissermaßen ein Filter und beim Durchpassieren des Wassers werden letzterem die $Ca^{\cdot\cdot}$-, bzw. die $Mg^{\cdot\cdot}$-Ionen entzogen und gegen Na-Ionen ausgetauscht. An Stelle der Bikarbonate und Sulfate der Erdalkalien befinden sich dann die entsprechenden Alkalisalze im Wasser. Die Filtermasse erschöpft sich nach dem Durchgang einer gewissen Menge Wasser. So wie das Wasser nicht mehr enthärtet wird, muß die Filtermasse mit Kochsalz regeneriert werden, indem man eine Kochsalzlösung in umgekehrter Richtung durch das Filter schickt. Auf diese Weise kann man mit einer bestimmten Menge Permutit, Invertit oder Wofatit eine fast unbegrenzte Menge Wasser enthärten. Die Enthärtung selbst geht in speziellen Apparaten vor sich, die in allen Größen für den kleinsten bis zu dem größten Bedarf gehandelt werden.

Wie verschieden die einzelnen Wasserhärten ausfallen, zeigt nachstehende Tabelle.

Härte des Wassers verschiedener Orte Deutschlands

Ort	Härte	Ort	Härte	Ort	Härte
Aachen	1,5	Gera	15,0	Nürnberg	10,0
Altona	8,0	Halle	25,0	Plauen	5,0
Augsburg	15,0	Hamburg	23,0	Regensburg	13,0
Berlin	12,0	Hannover	20,0	Rostock	12,0
Bochum	7,0	Jena	20,0	Saalfeld	14,0
Braunschweig	21,0	Karlsruhe	14,0	Schwerin	12,0
Bremen	10,0	Kassel	8,0	Stuttgart	21,0
Chemnitz	2,0	Kiel	18,0	Tübingen	30,0
Cottbus	10,0	Köln	15,0	Ulm	15,0
Darmstadt	10,0	Konstanz	9,0	Weimar	12,0
Dresden	8,0	Leipzig	8,0	Würzburg	32,0
Düsseldorf	14,0	Ludwigshafen	11,0	Wuppertal	5,0
Erfurt	26,0	Magdeburg	9,0	Zittau	1,4
Essen	7,0	Mannheim	20,0	Zwickau	5,0
Frankfurt/M.	20,0	München	15,0		

Phosphate

Von den Phosphaten kommen in der Hauptsache folgende drei verschiedenen Salze in Frage: Trinatriumphosphat (Na_3PO_4), Natriumpyrophosphat ($Na_4P_2O_7$) und Metaphosphat ($NaPO_3$).

Das Trinatriumphosphat wird vielfach bei den fettlosen Reinigungs- und Spülmitteln zugesetzt, da es besonders gut fettlösend wirkt. Bei der Herstellung der Pulver wird es in kalzinierter Form verwendet. Das Natriumpyrophosphat wirkt stark emulgierend und wird gern bei den Sauerstoff-Waschpulvern zugesetzt.

Das Metaphosphat kommt am besten als Polyphosphat wie z. B Hexametaphosphat in Anwendung und bildet eine wesentliche Verbesserung der Waschpulver, da es im Stande ist, nicht nur bereits gebildete Kalkseife aufzulösen, sondern auch die Bildung unlöslicher Kalkseife unter Komplexbildung zu verhindern. Bei dem Zusatz von Metaphosphat muß man etwas vorsichtig sein, da es hygroskopisch ist.

Synthetische Waschmittel

Es seien nun einige dieser synthetischen Waschmittel, die an die Stelle der Seife treten, aufgeführt, wobei ausdrücklich betont wird, daß die Seife trotz aller gegenteiligen Behauptungen sich auch in Zukunft stets behaupten wird, wenn auch nicht bestritten werden soll, daß manche dieser Stoffe infolge ihrer guten Eigenschaften von Bestand bleiben werden. Man war in den Forschungslaboratorien schon lange damit beschäftigt, ein Präparat zu entwickeln, das den einzigen Nachteil der Seife, die Unbeständigkeit gegen die Härtebildner des Wassers und gegen die Metallsalze, nicht zeigt. Ein anderer Grund war, die äußerst knapp gewordenen Fettmittel zu ersetzen bzw. die vorhandenen Fettsäuren besser auszunutzen. Man erkannte, daß für die Nachteile der Seife die COOH-Gruppe der Fettsäurereihe schuld ist. Deren Ersatz durch die Sulfonsäuregruppe erzeugte auf dem gesamten Waschmittelgebiet einen wahren Umschwung. Diese Arbeiten gehen weit zurück, und eines der ersten Produkte dieser Art war das **Türkischrotöl** oder Sulforizinat. Dieses Produkt zeigte aber noch nicht die volle Kalkbeständigkeit, wie man sie wünschte. Dann entstanden die **fettaromatischen Sulfosäuren,** die zuerst als die sogenannten Twitchellspalter zur Fettspaltung verwendet wurden. Ein weiteres Erzeugnis waren die Alkoholsulfonate wie **Gardinol** als Natriumlaurylsulfonat ($CH_3 \cdot (CH_2)_{10} \cdot CH_2 \cdot OSO_3Na$). Weiter wurden die Fettsäurekondensationsprodukte entdeckt nach Art der **Igepone,** von denen es zwei Arten A und T gibt. Das Igepon A ist:

$CH_3 \cdot (CH_2)_7 \cdot CH{:}CH \cdot (CH_2)_7\ COO \cdot CH_2 \cdot CH_2\ SO_3Na$ und das Igepon T ist: $CH_3 \cdot (CH_2)_7 \cdot CH{:}CH \cdot (CH_2)_7 \cdot CON \cdot CH_2 \cdot CH_2\ SO_3Na$

$$\underset{\displaystyle CH_3}{}$$

Das jüngste synthetische Erzeugnis ist das **Mersol.** Es wird aus Kohlenwasserstoffen mit einer Kohlenstoffreihe C_{12} bis C_{18} (also Paraffinen) hergestellt, die mit Schwefeldioxyd (SO_2) und Chlor (Cl) behandelt werden. Das bei dieser Sulfohalogenierung entstehende Produkt, das handelsübliche Mersol, enthält noch 18 bis 22% nicht umgesetzte Kohlenwasserstoffe, das Unverseifbare, und ist stark salzsauer. Mit Alkalien reagiert die Sulfonsäure nach der Gleichung:

$$R \cdot SO_2Cl + 2\,NaOH = R \cdot SO_2Na + NaCl + H_2O.$$

Die verseiften Mersole nennt man Mersolate und sind stark salzhaltige, ölige Produkte.

Das Verfahren der Sulfohalogenierung von Paraffinen ist von dem Amerikaner C. F. Reed (Pat. Nr. 849393 Frankreich) entdeckt worden und gestattet die Einführung einer Schwefelsäuregruppe in einen aliphatischen Kohlenwasserstoff nach folgender Gleichung:

$$R \cdot CH_3 + Cl_2 + SO_2 = R\ CH_2\ SO_2Cl + HCl.$$

Die große Bedeutung des Mersols, die im Kriege für dieses Produkt in besonderem Maße bestand, ist jetzt wieder gesunken, infolge Zonengrenzen und Fabrikationseinschränkungen, die uns auferlegt wurden. Das Paraffinsulfochlorid (Handelsname Mersol D) ist eine ölige, hellbraune Flüssigkeit von spez. Gewicht 1,05 bis 1,06. Das Unverseifbare kann bei einer Temperatur unter 0° C abgeschieden werden, da es dann konsistent wird. Es riecht stark nach Schwefeldioxyd. Nach der Gleichung sind bei der Verseifung bzw. Neutralisation 2 Mol Ätznatron erforderlich, daher auch die hohe Verseifungszahl gegenüber den Fettsäuren. Sie lag bei etwa 380—400. Bei der Verseifung erwärmt man die vorgelegte Lauge von 38° Bé auf etwa 100° C und läßt das Mersol in dünnem Strahl zulaufen unter dauerndem Rühren oder Krücken oder Einblasen von Luft. Die Verseifung tritt anfangs nicht sofort ein. Erst wenn die Verseifung eingeleitet ist, was durch starkes Schäumen bemerkt wird, geht sie zügig weiter.

Bei der Mersolatherstellung entsteht außer Wasser noch Salz. Infolge der stark sauren Eigenschaften des Mersols muß man möglichst in säurebeständigen Kesseln arbeiten und die Lauge vorlegen und das Mersol zufließen lassen. Da bei der Verseifung oder besser gesagt bei der Neutralisierung sehr viel Wärme frei wird, muß man bei dem Zufluß des Mersols sehr vorsichtig sein, da sonst leicht ein plötzliches Überkochen stattfinden kann.

Die Abrichtung erfolge stark, da Mersol stark nachverseift. Als Indikator nehme man Phenolphthalein oder Lackmus. Gegen Kalksalze ist Mersolat ziemlich unempfindlich. Nach der Verseifung scheidet sich beim Abkühlen am Boden des Kessels der größere Teil des Kochsalzes und an der Oberfläche der des Unverseifbaren ab. Bei der Verarbeitung des Mersolates zu Waschpulver muß das noch darin enthaltene Unverseifbare durch weitere Verdünnung mit Wasser und nochmaliges Aufkochen abgeschieden werden. Eine vollständige Abscheidung gelingt jedoch mit den in einer Seifenfabrik vorhandenen Mitteln nicht. Der am Kesselboden befindliche Kochsalzschlamm besteht aus etwa 2/3 Kochsalz und 1/3 Mersolat, das durch Zentrifugieren noch z. T. gewonnen werden kann. 6 bis 7% Kochsalz verbleiben im Mersolat und verursachen im heißen Sommer die Schwierigkeiten bei der Waschpulverherstellung.

Weitere synthetische Waschmittel sind **Supralan, Kalunit, Nekal,** die Alkylnaphthalinsulfonate darstellen. Ferner die aus Fettalkoholen, Fettsäuren und Äthylenoxyd aufgebauten **Igepane,** deren endständige Gruppe eine Alkoholgruppe ist, und die **Sapamine** (Diäthylaminoäthyloleylamid). Letzteres ist ganz besonders schaumkräftig, auch in sauren Lösungen.

6. DIE ZUSAMMENSETZUNG DER WASCHMITTEL

Waschpulver mit einem Gehalt unter 5% Fettsäure haben nur dann Zweck, wenn das Waschpulver vorher vollständig enthärtet worden ist. Ist dies nicht der Fall, dann geht der kleine Fettgehalt als Kalkseife restlos verloren. Zur Herstellung einer Waschlauge von 50 Liter benötigt man 500 g Waschmittel. Bei 5% Fettgehalt des Waschmittels enthält demnach 1 Liter Waschflotte 0,5 g Fettsäure als Seife. Da nun 1° d. H., die 10 mg CaO im Liter entsprechen, etwa 0,1 g Fettsäure pro Liter als Kalkseife vernichten, so sind bei 5° d. H. bereits obige 0,5 g Fettsäure verzehrt. Ein Wasser von 5° d. H. ist aber noch als ein sehr weiches Wasser zu bezeichnen. Die normalen Gebrauchswässer sind aber wesentlich härter. Mithin sind Waschpulver mit derartig geringem Gehalt an Fettsäure völlig unwirksam, wenn das Wasser vorher nicht enthärtet worden ist. Es ist nicht so, daß ein hoher Sodagehalt die Kalksalze ausfällt. Ehe die Soda wirksam wird, hat sich die Seife bereits mit dem Kalk umgesetzt, da fettsaure Salze eine größere Affinität zum Kalk haben als Soda. Bei diesen niedrigprozentigen Pulvern ist es deshalb vorteilhafter, hierbei das Fett gegen die weit kalkbeständigere Mersolsäure auszutauschen.

Bei der Waschmittelherstellung kommt es also darauf an, die geeigneten waschaktiven Stoffe herauszufinden. Die normale Seife besitzt alle waschtechnischen Eigenschaften, also Oberflächenaktivität, Schmutztragevermögen und die richtige Alkalinität in hervorragendem Maße. Allen anderen Waschgrundstoffen fehlt die eine oder andere Eigenschaft. Durch sinnvolle Zusammensetzung verschiedener Waschrohstoffe kann man jedoch zu guten Ergebnissen kommen. Fehlt jedoch eine dieser drei Eigenschaften, hat man keinen Wascherfolg. Mersolat oder Supralan haben große Oberflächenaktivität, sind jedoch neutral und haben kein Schmutztragevermögen. Tylose dagegen trägt den abgelösten Schmutz sehr gut, ist aber nicht oberflächenaktiv. Vereint man nun diese beiden mit einem Alkali, so kommt man zu guten und wirksamen Waschmitteln. Diese Tatsachen sind genügend durch praktische Waschversuche festgestellt worden.

Reines Seifenpulver. Dieses stellt eine reine pulverisierte Kernseife dar und wird hergestellt durch Mahlung einer scharf getrockneten Kern- oder Grundseife, die aus möglichst stearinreichen Fetten angefertigt ist. Diese Pulver enthalten einen Fettsäuregehalt von 80% und darüber. Im Handel sind sie kaum noch zu finden und werden nur noch für Spezialzwecke besonders hergestellt. Die dazu erforderlichen Fette müssen eine harte und kurze Seife ergeben, also in der Hauptsache aus Palmöl, Palmkernöl, Knochenfett, hartem Talg oder deren Fettsäuren. Ein guter Ansatz hierfür ist 65% gebleichtes Palmöl, 15% Knochenfett, 20% Palmkernöl. Die Seife wird auf Unterlauge gesotten, der Seifenleim stramm ausgesalzen und der Kern soweit mit Wasser verschliffen, daß die Unterlauge sich leicht und klar absetzen kann.

Um solche Seife mahlen zu können, wird sie zunächst auf dem Bandtrockner gehobelt, scharf getrocknet und, wenn die Späne hart und spröde sind, langsam durch eine Schlagkreuzmühle gegeben.

Seifenpulver mit 15—40% Fettsäuregehalt. Diese Pulver werden alle nach einem Verfahren hergestellt. Geht man von der fertigen Seife aus, so schmilzt man diese in Sodalösung unter Anwendung von Dampf oder Feuer und rührt dann die kalzinierte Soda und das Wasserglas hinzu, bis die Masse gleichmäßig sämig ist. Eine erkaltete Probe darf, zwischen den Fingern gerieben, nicht schmierig werden. Man hat es hier ganz in der Hand, durch kleinere oder größere Mengen der einzelnen Bestandteile eine bessere oder geringere Qualität herzustellen. Die fertige Masse wird dann nach den einzelnen Verfahren weiter verarbeitet. Es folgen nun verschiedene Ansätze.

% Fettsäure	% Kernseife	% Soda	% Wasserglas	% Wasser
40	64,5	18	4,5	13
35	56,5	22	8	13,5
30	48,5	24	8,5	19
25	40	32	9	19
20	32,5	35	9	23,5
15	24	37	9	30
10	16	43	10	31
5	8	45	12	35

Ein Zusatz von Natriumperborat oder -perkarbonat sollte nur bei den Pulvern über 30% Fettsäure angewandt werden, da sich das Sauerstoffsalz in den geringeren Sorten infolge des hohen Wassergehaltes ziemlich schnell zersetzt. Auch soll hierbei der Fettansatz aus möglichst gesättigten Fettsäuren bestehen. Die Zumischung selbst darf selbstverständlich nur vorgenommen werden, wenn das Seifenpulver fertig gemahlen ist. Ein Zusatz zu dem heißen Seifenleim ist unmöglich, da hierbei der Sauerstoff sofort in Freiheit gesetzt wird. Die Lagerung solcher Pulver soll nur in kühlen und trocknen Räumen vorgenommen werden. Gewöhnlich wendet man 10% Perborat an, was 1% aktivem Sauerstoff entspricht und diese Menge genügt zur Bleiche vollkommen.

Ammoniakseifenpulver. Alle früher im Handel gewesenen Salmiak-Terpentin-Seifenpulver enthielten diese Zusätze nur dem Namen nach und deren besondere Waschwirkung wurde nur durch den Namen vorgetäuscht. Man braucht nur den einfachen Versuch vorzunehmen, ein Ammoniaksalz wie Salmiak oder Ammoniumsulfat dem Waschpulver zuzusetzen. Sofort tritt ein starker Ammoniakgeruch auf und nach kurzer Zeit ist von dem Ammoniak kaum noch etwas nachzuweisen. Selbst wenn ein kleiner Prozentsatz zurückbliebe, so wäre dieser nicht im Stande, das Reinigungsvermögen so zu erhöhen, daß der Name gerechtfertigt wäre. Die Ammonsalze setzen sich nach folgenden Gleichungen um:

$$\underset{\text{Salmiak}}{2\,NH_4Cl} + \underset{\text{Soda}}{Na_2CO_3} = \underset{\text{Ammonkarbonat}}{(NH_4)_2CO_3} + \underset{\text{Kochsalz}}{2\,NaCl}$$

$$\underset{\text{Ammonsulfat}}{(NH_4)_2SO_4} + \underset{\text{Soda}}{Na_2CO_3} = \underset{\text{Ammonkarbouat}}{(NH_4)_2CO_3} + \underset{\text{Natriumsulfat}}{Na_2SO_4}.$$

Das Ammonkarbonat wieder zerfällt bei geringer Erwärmung wie folgt:

$$(NH_4)_2CO_3 = 2\,NH_3 + CO_2 + H_2O.$$

Es haben aber auch hierüber Patente bestanden, um die Ammonsalze stabiler zu machen, aber einen besonderen Erfolg haben diese Verfahren nicht gehabt.

Waschpulver ohne Seife. Vor dem letzten Weltkriege wurden Waschpulver unter 5% Fettgehalt oder solche ohne Fett überhaupt als Scheuermittel bezeichnet. Dies waren alles minderwertige Produkte und wurden für die Wäsche nicht verwendet. Die Ansätze bestanden nahezu nur aus Soda und Wasser, evtl. noch mit einem Zusatz von Wasserglas. In diese Gruppe gehören auch die unter dem Namen „Bleichsoda" gehandelten Produkte. Die Bleichsoda hat den Zweck, die zum Waschen gedachte Wäsche so vorzubereiten, daß bei voller Enthärtung des Waschwassers die Verunreinigungen von der Faser abgehoben und gelöst werden. Der Ansatz einer normalen Bleichsoda war folgender:

37% kalz. Soda
18% Wasserglas 38° Bé
45% Wasser

Alle Handelsprodukte wiesen mehr oder weniger mit kleinen Abänderungen die gleiche Zusammensetzung auf. Verbesserte Produkte enthielten noch wasserenthärtende oder waschfördernde Substanzen wie Trinatriumphosphat, Natriumpyrophosphat, Natriummetaphosphat, Natriummetasilikat. Den Phosphaten schrieb man Erhöhung der kolloiden Eigenschaften und damit eine bessere Dispergierung des Schmutzes zu.

Auch Ochsengalle hat man zugesetzt und festgestellt, daß durch Zusätze von Borax und Zitronensäure die Wirkung der Galle sehr gesteigert wird. Ein Ansatz hierzu war:

20 Teile Ochsengalle
45 „ Soda
30 „ Borax
5 „ Zitronensäure.

Auch Zusätze von zelluloseglykolsaurem Natrium haben sich gut bewährt, indem das Schmutztragevermögen wesentlich erhöht wurde:

40% Soda
15% Wasserglas
4,5% Tylose HBR
Rest Wasser.

Hierbei ist die Tylose HBR vor Zugabe mit den 3—4fachen Menge Soda zu mischen. Auch durch Zusatz einiger Prozente waschaktiver organischer Substanzen z. B. Mersolat erhielt man sehr gute Einweich- und Vorwaschmittel:

45% Soda
10% Wasserglas
3% Mersolat
4,5% Tylose HBR
5% Metasilikat
Rest Wasser.

Oder 5—6 Teile Seife oder 9—10 Teile Mersolat
1 „ Tylose oder Zelluton
50 „ Soda
10 „ Wasserglas
30—35 „ Wasser.

Viele dieser Erzeugnisse enthielten noch für den Waschprozeß völlig wertlose Beimengungen von Kochsalz, Glaubersalz, Ton usw. Nur wenige Präparate renomierter Firmen hatten Bestand und demnach auch großen Absatz. Letztere Pulver waren in der Hauptsache nur Einweichmittel.

Durch den Krieg und hauptsächlich die Nachkriegszeit wurden eine Menge fettloser Waschmittel hergestellt, die durch ihren Gehalt an wirklich wirksamen Bestandteilen der großen Not der Hausfrauen steuerten. Es wurden Stoffe entdeckt, die ähnliche Wirkung hatten wie Seife. Man nannte sie waschaktive organische Substanzen.

Die Verwendung vieler stand und steht noch unter Patentschutz und die genaue Zusammensetzung dieser Stoffe blieb meist geheim. Alle diese Präparate wurden in Verbindung mit Soda und Wasserglas zu pulverförmigen Produkten verarbeitet und zufolge ihrer guten Eigenschaften gern gekauft. Solche Ansätze waren z. B.:

7%	Kalunit	3%	Fettsäure
3%	Tylose HBR	5%	Schaummittel
12%	Wasserglas 38	5%	Tylose HBR
36%	Soda	10%	Wasserglas
10%	Na-bikarbonat	35%	Soda
Rest	Wasser und Sulfat	Rest	Wasser und Sulfat

5%	Mersolsäure	6—7%	Igepon T
3%	Wasserglas	3—4%	Tylose
4%	Zelluloseprodukt	12%	Wasserglas
40%	Soda	10%	Bikarbonat
Rest	Wasser und Sulfat	40—45%	Soda
		Rest	Wasser

Mersolatpulver. Der letzte Kriegsansatz des Einheitswaschpulvers war

5%	Mersolsäure 100%ig
1,5%	Tylose HBR
50%	Soda
3%	Wasserglas trocken
Rest	Wasser und Sulfat.

Die Mersolatpulver zeigten in der heißen Jahreszeit ziemliche Schwierigkeiten beim Mahlen, Sprühen und Verpacken. Da Mersolat an sich auch in der Kälte flüssig bleibt, müssen die festwerdenden Bestandteile, also Soda, so hoch wie möglich gehalten werden. Niemals ersetze man Soda durch Glaubersalz. Das kann man höchstens im Winter vornehmen. Die Umdrehungszahlen der Schlagkreuzmühlen setze man hierbei soweit als möglich herab, ebenso muß die Mühle bedeutend langsamer beschickt werden, um ein Warmschlagen innerhalb der Mühle zu vermeiden.

7. DAS NÄSSEN DER WASCHPULVER

Oft kommt es vor, daß die Pakete durch und durch naß werden. Diese Erscheinung wird durch die Anwesenheit von hygroskopischen Salzen, zu hohem Wassergehalt und durch schlechtes Lagern hervorgerufen. Auch bei Verwendung versalzener Leimkerne wird das Pulver naß. Wird ein Pulver bei sonst gutem Ansatz naß, so liegt dies an einer fehlerhaften Verarbeitung oder Lagerung. Ein Waschpulver soll kühl und trocken lagern.

8. DIE EIGENSCHAFTEN, DIE EIN GUTES WASCHPULVER HABEN SOLL

Die Farbe soll weiß bis gelblich sein. Bei Verwendung etwas dunkelfarbiger Fette erhält man infolge der großen Menge Wasser und Soda trotzdem ein sehr helles Produkt. Ein gelblicher Ton des Waschpulvers ist mitunter sehr erwünscht, da er dann einen höheren Gehalt an Seife vortäuscht, während reinweiße Pulver bei dem Laien oft den Schluß folgen lassen, daß nur Soda vorhanden sei.

Die Feinheit. Die Mahlung soll gleichmäßig sein, ohne grobe Anteile zu zeigen. Von der gleichmäßig feinen Vermahlung hängt die leichte Lösefähigkeit ab. Bei ungleichmäßigen Pulvern lösen sich nur die feinsten Anteile, während die groben sich am Boden absetzen, sich nur schwer lösen und deshalb meist unausgenutzt bleiben.

Der Geruch. Er soll erfrischend und angenehm sein. Ein ranziger Geruch wird stets vom Kauf abhalten. Man vermeide deshalb alte ranzige Fette, trocknende Öle, wie Leinöl, Bohnenöl usw. Auch muß die Verseifung eine vollständige sein, da sonst die Seife leicht einen ranzigen Geruch annehmen kann.

Der Griff. Ein Pulver darf sich nicht sandig anfühlen, sondern muß weich und zart sein. Dies erreicht man durch eine feine gleichmäßige Vermahlung, nicht aber durch Mitverwendung von Öl oder gar Kalilauge, die Schwierigkeiten in der Herstellung verursachen würden. Das Pulver soll auch nicht schmierig oder klebrig sein. Solche Pulver verstopfen leicht die Mühle.

Die Trockenheit. Das Pulver soll sich aus der Verpackung leicht ausschütten lassen, keine festen Klümpchen bilden. Ballt man gutes Seifenpulver mit der Hand zusammen, so muß es bei leichtem Druck wieder auseinanderfallen. Ein genügend trockenes Pulver muß soviel kalzinierte Soda enthalten, daß nicht nur die zugegebene Flüssigkeit als Kristallwasser gebunden wird, sondern es muß auch eine gewisse Menge vorhanden sein, um bei feuchter Lagerung noch Wasser aufnehmen zu können. Selbstverständlich müssen Beimengungen fremder Salze, die hykroskopisch sind, wie Glyzerin, das bei der Verseifung von Neutralfetten entsteht, gänzlich vermieden werden.

9. DER MISCHVORGANG

Hierbei muß man viel Sorgfalt walten lassen, soll das Endprodukt erstklassig sein. Fehler, die sich hier einschleichen, sind, wenn überhaupt, meistens schwer zu beseitigen. Vorbedingung ist, daß man einwandfrei arbeitende Mischaggregate zur Verfügung hat. Das Volumen und die Mahlbarkeit eines Seifenpulvers hängen wesentlich von dem Mischvorgang ab. Man findet Rührkessel mit vertikalem Rührwerk, möglichst mit gegeneinander arbeitenden Rührflügeln. Über einem zylindrischen Kessel ist ein Winkelgetriebe aufgebaut, daß entweder über Riemenscheiben mit einer Transmission durch Riemen verbunden ist, oder mit einem Motor und Reduziergetriebe direkt gekuppelt ist. Letztere Anordnung hat den großen Vorteil, daß man hierbei die lästigen Treibriemen spart, die viel Geld kosten und gewöhnlich dann reissen oder abfallen, wenn die Masse im Kessel dick geworden ist, so daß sie abgelassen werden muß. Ein Wiederingangsetzen nach Auflegen der Riemen ist schwierig, kostet viel Zeitverlust und es ist hierbei schon mancher Arm gebrochen worden. Treibriemen, zumal aus Leder, sollte man in einer Seifenpulverfabrik, wenn irgend möglich, vermeiden, da diese durch den nicht zu vermeidenden Staub der Soda in Verbindung mit Wasserdämpfen sehr schnell hart und brüchig werden. Am idealsten sind Stufengetriebe, mit denen man verschiedene Umdrehungszahlen erreichen kann. Das gegenläufige Rührwerk hat eine Hohlwelle, um die sich die einen Rührflügel drehen, während sich mit der Vollwelle der andere Satz Rührflügel dreht. Außerdem ist ein Satz Rührflügel mit einer senkrechten Abstreichschiene verbunden, die die Kesselwände von der angesetzten Masse reinigt. Die Rührflügel selbst lasse man sehr stark konstruieren, am besten aus starkem Winkeleisen, da sie sich sonst unweigerlich krumm biegen. Verfasser hat Rührflügel aus Flacheisen vom Querschnitt 60×10 mm gesehen, die sich um 180^0 gebogen haben.

Außerdem besitzt der Kessel eine direkte Dampfschlange am Boden, sowie eine weite Abflußöffnung von mindestens 120 mm Durchmesser, die durch Schieber geschlossen wird und leicht durchgestoßen werden kann. Der Kessel erhält noch eine stabile Abdeckung mit Einlauföffnungen für die Flüssigkeiten und festen Stoffe.

Außer diesen Rührkesseln, die die gebräuchlichsten sind, findet man noch Mischmaschinen mit horizontalem Rührwerk. Diese eignen sich jedoch in der Hauptsache besser für ganz dickbreiige oder trockne Mischungen und erfordern deshalb auch mehr Kraft. Sie mischen jedoch sehr innig in kurzer Zeit.

Das Mischen geht nun in folgender Weise vor sich:

In den Rührkessel läßt man die entsprechende Seife, gelöst in der vorgesehenen Menge Wasser, soweit wie möglich abgekühlt, einlaufen. Erfolgt die Mischung zu heiß, so hat man ein sehr stark staubendes Pulver zu erwarten. Jetzt läßt man das Rührwerk flott laufen und schlägt die Seifenlösung zu Schaum. Gleichzeitig schaltet man ein Luftgebläse ein und treibt durch die direkte Dampfschlange einen kalten Luftstrom, der die Schaumbildung stark fördert. Das Gebläse läßt man bis zum Schluß der Mischung laufen und stellt es nur gelegentlich ab, falls die Masse über den Kesselrand zu steigen droht. Die ganze Masse muß ein einziger Schaum sein. Dann hat man erstens ein sehr leichtes und flottes Mahlen und außerdem ein hochvoluminöses Pulver.

Hat man nun die Seifenlösung genügend zu Schaum geschlagen, so läßt man die kalzinierte Soda zulaufen. Dies geschieht entweder von Hand mit der Schaufel, selbstverständlich über ein Sieb, oder durch Transportschnecken oder Elevator, je nach den Betriebsverhältnissen. Man hüte sich davor, den Sodasack direkt in den Kessel zu kippen. Erstens erwischt man hierbei nicht die vielleicht vorhandenen Fremdkörper und zweitens bildet sich im Kessel ein Sodaberg, der durch das Rührwerk unter hohem Kraftverbrauch zerwürgt werden muß. Außerdem wird dadurch die Rührzeit unnötig verlängert und man läuft Gefahr, daß sich hierbei die Rührflügel stark verbiegen.

Mit dem letzten Teil der Soda läßt man das Wasserglas zu und zum Schluß einen etwaigen Zusatz von Natriumsulfat. Nachdem die Soda gut abgebunden ist, was man daran erkennt, daß eine Probe der Masse zwischen den Fingern nicht mehr so sehr schmiert, läßt man die Masse ab. Beim Ablassen kann man noch feststellen, daß, wenn man auf die Oberfläche der Masse die flache Hand drückt, an dieser die Masse nicht mehr hängen bleibt. Die ganze Masse muß gut aufliegen wie Schlagsahne. Diese Merkmale kann man bei allen Pulvern von 40 bis 5% Fettgehalt feststellen. Wenn der Kessel leer ist, stellt man auch das Luftgebläse ab. Auf diese Weise wird sich die Dampfschlange niemals mit Seifenpulvermasse verstopfen. Ist man mit dem Tagesquantum fertig, kann man zur Sicherheit noch einen kurzen Dampfstrahl durch die Schlange strömen lassen, dann hat man die Gewähr, daß man am nächsten Tage ohne Aufenthalt weiter arbeiten kann.

Vorstehenden Mischprozeß wendet man beim sogenannten Tenneverfahren an, wo es darauf ankommt, die Masse möglichst dick auf die Tenne zu bekommen. Beim Sprühverfahren muß man das Mischgut bedeutend dünner halten, jedenfalls in einem Zustand, in welchem es sich noch pumpen läßt. Das erreicht man durch Heraufsetzen der Wassermenge und Herabsetzen des Sodaanteils. Man kann also beim Sprühverfahren bedeutend an Soda sparen und dadurch das Waschmittel alkaliärmer herstellen. Auch braucht man die Masse nicht durch Luft schaumig zu blasen, da hierbei das Volumen durch den Sprühvorgang erzeugt wird. Sonst ist der Mischvorgang der gleiche, nur daß die Masse noch etwas heißer gehalten werden muß.

Maschinelle Hilfsmittel. Ohne gut wirkende Mischmaschinen ist eine rationelle Herstellung von Seifenpulver nicht möglich. Von füh-

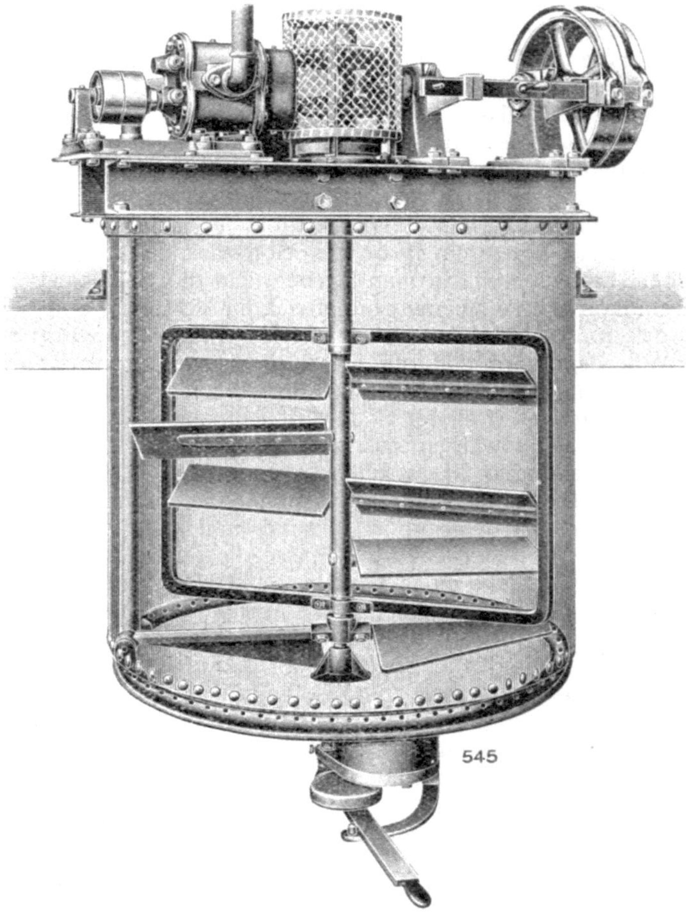

Abb. 1. Seifenpulvermischkessel mit gegenläufigem Schaufelrührwerk, sowie Kreiskolbenluftgebläse

renden deutschen Spezialfabriken für Seifenmaschinen sind daher auch hochwertige maschinelle Hilfsmittel konstruiert worden. Für den Mischprozeß baut die in der Seifenindustrie seit nahezu 100 Jahren bekannte Firma Aug. Krull in Helmstedt den in Abbildung 1 gezeigten Mischkessel. Dieser wird mit einem Fassungsvermögen von

1000 bis 5000 Liter geliefert. Die starke Konstruktion gewährleistet einen Dauerbetrieb. Der Kessel hat am Boden eine offene Schlange für Dampf und Druckluft. Über dem Kessel befindet sich ein Drehkolbenluftgebläse, das einen Druck von 1500 mm Wassersäule erzeugt und nur einen Kraftbedarf von 1 PS benötigt. Das Rühren besorgt ein kräftiges Schaufelrührwerk mit gegenläufiger Bewegung der Rührarme. Die Bodenflügel und der die Flügel umgebende Rahmen sind so konstruiert, daß die Masse nach außen bzw. nach oben gedrückt wird, wodurch eine sehr intensive Vermischung des Kesselinhaltes gewährleistet ist. Der Kraftbedarf des Rührwerks beträgt je nach Größe des Kessels 2—5 PS. Am Boden des Kessels ist selbstverständlich eine dicht schließende Ablaßvorrichtung angebracht. Der Kessel wird zu seiner bequemen Bedienung in den Fußboden eingelassen, die Entleerung findet in dem darunter liegenden Stockwerk statt.

10. DER KRISTALLISATIONSVORGANG

Der Kristallisationsprozeß wird oft auch fälschlicher Weise als Trockenvorgang bezeichnet, obwohl es sich hierbei nicht darum handelt, Wasser zu verdunsten, also etwas zu trocknen, sondern das hinzugegebene Wasser möglichst vollständig als Kristallwasser zu binden, sei es an Soda oder an Natriumsulfat. Eine Salzlösung kristallisiert um so eher, je schneller sie abkühlt. Aus diesem Grunde braucht man hierzu luftige Räume und kühle Fußböden. Um die aus dem Rührkessel kommende heiße Masse zum Erstarren zu bringen, kennt man zwei Verfahren: das Tenneverfahren und das Sprühverfahren. Beide haben ihre Vorteile und ihre Nachteile und es kommt ganz auf die betreffenden Betriebsverhältnisse an, zu welchem Verfahren man sich entschließt.

Das Tenneverfahren

Dies ist das ältere Verfahren, es eignet sich vor allem für kleinere Betriebe. Nach dem Ablassen der fertig gemischten Seifenpulvermasse aus dem Rührkessel oder der Mischmaschine in Kipploren oder Karren wird erstere auf dem Betonfußboden eines luftigen Raumes ausgebreitet, dort zunächst in dünner Schicht eine gewisse Zeit der Ruhe überlassen und, sobald sie anfängt, fest zu werden, d. h. zu kristallisieren, des öfteren umgeschaufelt und dabei klein gestoßen. Diese ganze Arbeit bezweckt, die einsetzende Kristallisation fortwährend zu stören, die kalte Luft an immer neue Oberflächen heranzuführen und dabei die Masse in mahlfähige Brocken zu zerkleinern. Dieser Prozeß erfordert mehrere Stunden Zeit. Ist die Masse gut schaumig gemischt worden, so ist die Arbeit auf der Tenne sehr leicht. Wird jedoch die Masse zu dünnflüssig gemischt, erstarrt sie, wenn man nicht aufpaßt, zu einer zementharten Masse, die sich schwer bearbeiten, schlecht mahlen läßt und ein Endprodukt mit geringem Volumen ergibt. Man sorge dafür, daß der Zementboden immer glatt bleibt, d. h. die Seifenpulvermasse immer restlos abgestoßen wird, da sonst die festhaftende Schicht immer stärker wird und endlich nur mit der Spitzhacke entfernt werden kann, wobei der Fußboden unausbleiblich ruiniert wird.

Ist die Masse ganz ausgekühlt und gehörig bearbeitet worden, dann kann sie, wenn sie nicht gleich gemahlen werden soll, was nicht zu empfehlen ist, auf große Haufen zusammengeschoben werden. Das sofortige Mahlen ist deshalb nicht empfehlenswert, weil die Masse immer noch nachkristallisiert und man Gefahr läuft, daß das Waschpulver in der Verpackung wieder zusammenbackt. Die Masse muß gewissermaßen ausreifen. Hat sie aber eine Nacht gelagert, dann kann man ungehindert zum Mahlen übergehen.

Die Nachteile des Tenneverfahrens sind folgende:

Zur Ausbreitung der heißen Seifenpulvermasse wird sehr viel Raum gebraucht. Damit die Masse möglichst schnell auskühlt, darf man sie höchstens 10 bis 15 cm hoch ausbreiten. Bei einer gut schaumig gerührten Masse können auf 1 qm Bodenfläche im günstigen Falle 50 bis 75 kg gelagert werden. Ist jedoch die Masse sehr dünn, so daß sie beim Auskippen nach allen Seiten davonläuft, dann braucht man noch mehr Platz. Auf diesem Raume muß die Masse einen ganzen Tag liegen bleiben und ersterer ist für neue Produktion nicht verfügbar. Ein weiterer Nachteil ist der, daß das Material immer von Hand umgeschaufelt und bewegt werden muß. Das erfordert bei einer mittleren Tagesleistung viel Arbeitskräfte.

Bei neuartigen Rohstoffen ist es nicht immer gleich zu erreichen, daß die Masse dick aufliegt. Durch Änderung der Reihenfolge beim Einbringen der einzelnen Rohstoffe in den Rührkessel kann man jedoch oft zum besten Ergebnis kommen. Jedenfalls darf sich die Masse auf der Tenne nicht wieder trennen, was man beim Zusatz von Natriumsulfat oft beobachten konnte. 12% Glaubersalz soll die äußerste Grenze sein.

Das Sprühverfahren

Man hat es bei diesem Verfahren in der Hand durch Zuführung von warmer oder heißer Luft das Sprühgut einzutrocknen oder durch Zuführung von kalter Luft weniger zu trocknen als schnell zu kristallisieren. Dadurch, daß in letzterem Falle, der für die Herstellung von Waschpulver in Frage kommt, die Masse in winzig kleine Teilchen zerrissen wird, erhält die Masse eine sehr große Oberfläche und die ganze zugeführte Wärme wird sofort verbraucht. Der feine Nebel fällt nur langsam zu Boden und kühlt dabei noch weiter ab. Durch Thermometer, Feuchtigkeitsanzeiger usw. können die Arbeitsbedingungen innerhalb des Sprühraumes überwacht werden.

Im Vergleich zu anderen Verfahren zur Herstellung von Seifenpulver bringt die Zerstäubungstrocknung sehr bedeutende Vereinfachungen. In einem einzigen kurzen Arbeitsgang werden die gebrauchsfertigen Pulver aus der heißen flüssigen Mischung erzeugt. Der Betrieb ist vollkommen mechanisiert und erzielt große Ersparnisse an Raum, Zeit, Kraft und Arbeitskräften. Jede Nachbehandlung durch Sieben oder Mahlen fällt weg und Materialverluste treten kaum auf.

Bei Verwendung von Soda, die viel Bikarbonat enthält, haben sich beim Sprühen Schwierigkeiten gezeigt, wenn die Ansätze Mersolat enthalten. Es darf dann der Wasserglaszusatz nicht höher als 3% sein. Bei bikarbonatfreier Soda können jedoch größere Mengen Wasserglas verwendet werden, ohne daß man Schwierigkeiten erhält. Glaubersalz erzeugt ebenfalls Schwierigkeiten, da es kristallisationsverhindernd oder — zumindest — verzögernd wirkt. Das Sprühgut bleibt also feucht und deshalb an den Turmwänden hängen. Man gibt es daher besser der Masse nach dem Sprühen zu.

Während man früher alle Ansätze zum Sprühen kochte, arbeitet man heute kalt. Bei dem Ansetzen der Mischung muß man nun stets eine besondere Reihenfolge beachten, wenn man ohne Zerstäubungsschwierigkeiten arbeiten will. Die Hauptschwierigkeiten entstanden durch Ausflockung der Zelluloseverbindungen, was durch die hohe Konzentration der Elektrolyte bedingt war. Die Ausflockungen verstopften Düse und Rohrleitungen und brachten unliebsame Störungen. Man bringt zunächst das ganze Wasser in den Mischkessel und löst darin die Tylose auf, was durch Zusatz von ganz wenig Natronlauge beschleunigt werden kann. Es muß kräftig dabei gerührt werden. Nach etwa 1/2 Stunde ist die Lösung fertig. Dann läßt man das Mersolat bzw. die waschaktiven Substanzen und anschließend das Wasserglas zulaufen. Also zunächst sämtliche flüssigen Bestandteile. Erst zum Schluß gibt man die Soda langsam und gleichmäßig unter flottem Rühren zu, wobei genügend Wärme entsteht, um die Masse pumpfähig zu erhalten. Die Rohrleitungen, die einen Doppelmantel haben, werden dabei mäßig angewärmt.

Das Sprühgut, das möglichst gleichmäßig fein anfallen muß, wird noch gesichtet. Die groben Anteile, die nicht mehr als 2% der Gesamtmasse ausmachen sollen, dürfen keinesfalls in den Mischkessel zurückgegeben werden, da sie sich nicht auflösen und nur die Leitungen verstopfen. Sie müssen gemahlen und dem fertigen Produkt beigemischt werden. Große Mengen von Trinatriumphosphat dürfen ebenso wie Glaubersalz nicht in den Sprühansatz kommen, da sonst naß gesprüht wird und dicke Schichten an den Turmwänden hängen bleiben. Bikarbonat muß ebenfalls nach dem Sprühen zugesetzt werden. Freies Ätznatron in Zusätzen bis zu 1% herab bewirkt auch feuchtes Sprühen. Bei Verwendung von Fettsäuren über 5% muß unbedingt gekocht werden, um ein gutes Resultat zu erhalten.

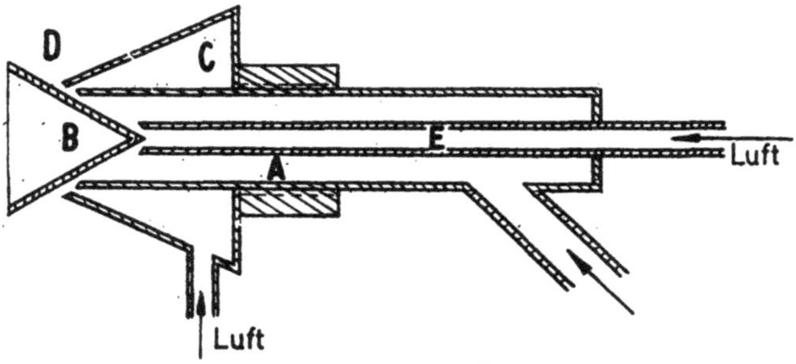

Abb. 2. Schematischer Längsschnitt einer Zerstäuberdüse

Bei dem Sprühverfahren unterscheidet man zwei Systeme, das Düsenverfahren (Körting) und das Verfahren mit der Schleuderscheibe (System Krause). Beide vereinigen die Arbeit der Tenne und des Mahlens in einen Vorgang.

Das Düsenverfahren

Die Abb. 2 zeigt eine solche Düse im schematischen Längsschnitt. Die Masse wird durch Druckluft oder durch eine starke Druckpumpe durch das Rohr A gedrückt und stößt hierbei auf den Zerstäubungskegel B, wodurch die Masse brausenartig auseinander fliegt. Um das Zerreißen der Masse intensiver zu gestalten führt man durch das Rohr E einen starken Luftstrom hinter der austretenden Masse her. Außerdem wird Druckluft in den kegelförmigen Düsenkopf C geführt, die ihn bei D durch einen feinen Spalt verläßt, auf die vorzerstäubte Masse trifft und diese dann in einen feinen Nebel zerreißt und fortwirbelt. Man hat es nun in der Hand, durch Variation des angewandten Luftdruckes die zerstäubte Masse grob- oder feinkörnig anfallen zu lassen, ebenso durch Verstellung des Zerstäubungskegels B, indem man durch ihn den Austrittsspalt der Masse erweitert oder verengt. Der angewandte Luftdruck schwankt je nach den Betriebsverhältnissen im Druckrohr A zwischen 2—5 atü und im Kegel C und Rohr E zwischen 5—20 atü.

Ein Nachteil der Düse ist der, daß diese sehr empfindlich gegen Fremdkörper oder ungelöste harte Sodagraupen sind, die durch den Austritt zwischen Rohr A und Kegel B nicht hindurch gedrückt

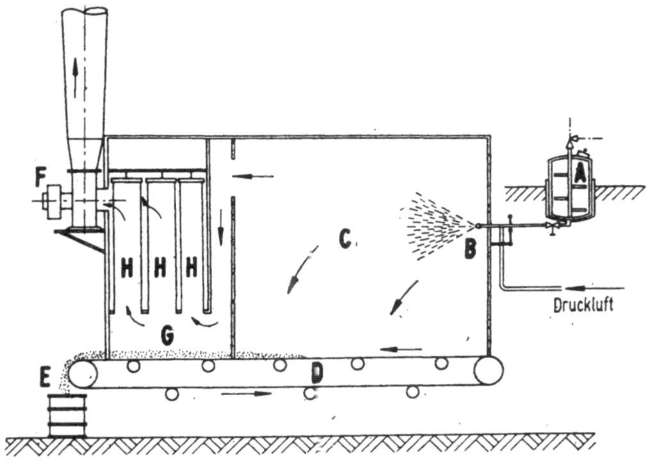

Abb. 3. Düsenanlage mit Sprühkammer

werden, sich dann vor dem Austritt anstauen und endlich das Zuführungsrohr A ganz verstopfen. Sonst arbeiten die Düsen billig, ebenso ist die ganze Anlage ziemlich einfach herzustellen.

Die Abb. 3 zeigt eine solche Anlage schematisch. Den Zerstäubungsnebel bläst man entweder in eine Kammer (ältere Methode) oder in einen Turm, durch die man außerdem noch gewaltige Mengen Frischluft (möglichst kalt) im Gegenstromprinzip treibt, um das Zerstäubungsgut abzukühlen und längere Zeit in der Schwebe zu halten. Am Boden der Kammer oder des Turmes befinden sich Transportbänder oder Räumer, die das fertige Pulver ausschleußen. Aus dem Druckgefäß A kommt die fertig gemischte Waschpulvermasse durch Luftdruck an die Düse B und wird hier in den Raum C vernebelt. Das feine Pulver fällt dabei auf das Transportband D und wird bei E ausgeschleußt. Der starke Ventilator F saugt durch den Sprühraum C kalte Luft, die in der Filterkammer G durch die Schläuche H filtriert wird. Der in den Schläuchen H zurückbleibende

Materialstaub fällt auf das unten vorbeilaufende Transportband und wird mit dem Sprühgut ausgeschleußt.

Der Erfolg des Sprühens ist eine Frage der Luftverhältnisse. Die Luft, die dem Sprühnebel entgegenströmt, muß natürlich so kalt wie möglich sein. Man muß sie also von der Nordseite des Betriebes absaugen, sonst kann man im Hochsommer, zumal bei schwülem Wetter, katastrophale Schwierigkeiten erleben. Die zerstäubte Masse kühlt dann nicht genug ab, bleibt feucht und bleibt deshalb an den Wänden des Sprühraumes hängen, wo sie wieder zusammenbackt und schließlich mit Gewalt abgeklopft werden muß. Diese Brocken müssen dann auf einer Mühle wieder gemahlen werden und die Sprüharbeit war umsonst. Bei hochprozentigen Pulvern mag es noch gehen, aber bei Pulvern unter 10% Fettsäure oder gar bei Bleichsoda hat man mitunter große Schwierigkeiten. Manche Betriebe sind deshalb dazu übergegangen, in der kühleren Jahreszeit soviel von den schwierigen Pulvern zu erzeugen, daß die heißen und schwülen Sommerwochen überbrückt werden.

Man hat den Vorschlag gemacht, die einzublasende oder einzusaugende Luft vorher abzukühlen. Dies ist aber sehr teuer und solche Anlagen haben sich als unrentabel erwiesen. Es ist zu empfehlen, wenigstens im Sommer, den relativen Feuchtigkeitsgrad der Luft zu kontrollieren. Dann braucht man bei einem schlechten Sprühresultat nicht unnötig nach irgendwelchen Fehlern zu suchen. Auch kann man sich damit helfen, daß man in dieser Jahreszeit des Nachts arbeitet.

Eine bewährte Anlage zur Düsenverstäubung nach dem System Bert Thomas liefert die Firma Hempel & Reichert in Lahr. Die Anlage arbeitet mit Druckluft. Aus einer Düse besonderer Konstruktion wird der Ansatz herausgedrückt und mittels angeblasener Druckluft verstäubt. Die Methode gestattet eine weitgehende Beeinflussung des Ansatzes.

Die Vernebelung des ausströmenden Ansatzes ist eine sehr feine, und infolgedessen ist der Trocknungs- bzw. Kristallisationseffekt sehr günstig. Die Verstäubung geschieht senkrecht von unten nach oben. Der aus der Düse ausströmende Sprühstrahl breitet sich kegelförmig im Turm aus. Parallel damit strömt die Trockungs- bzw. Abkühlungsluft. In der oberen Zone des Turmes findet eine Umkehrung des hochgeschleuderten Trockengutes statt und es schwebt in der aufwärts strömenden Ventilatorenluft langsam abwärts, im Gegenstrom zur aufwärtsziehenden Ventilatorenluft.

Das Filter ist entweder über dem Sprühraum angeordnet oder an der Seite des Turmes angebaut. Im allgemeinen werden Staubschlauchfilter verwendet. In Sonderfällen werden auch die sogenannten Multiaerodynfilter, deren Filterungsprinzip auf der Zentrifugalabscheidung des Staubes beruht, verwendet.

Der Misch- und Druckkessel dient gleichzeitig zwei Zwecken. Er ist Mischgefäß für den Ansatz und, sobald der Mischvorgang beendet ist, Druckgefäß für die Beförderung des Ansatzes an die Düse. Die verwendeten Kompressoren sind Zweistufenmaschinen mit di-

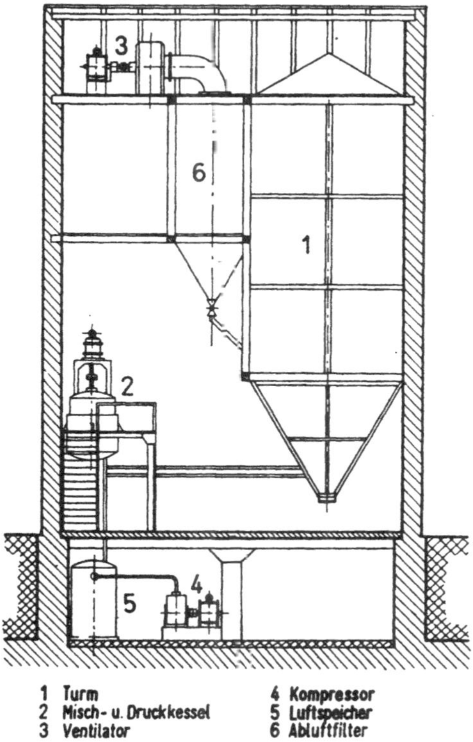

Abb. 4. Düsen-Verstäubungs-Anlage, System Bert Thomas

rektem oder Keilriemenantrieb. Auf der Anlage können alle Wasch- und Seifenpulver hergestellt werden. Von der Bleichsoda, mit der Zusammensetzung von Soda, Wasserglas und Wasser, bis zum hochprozentigen Waschpulver und zur reinen Seife.

Die Leistungen der Anlagen erstrecken sich von 150 kg in der Stunde bis zu 4000 kg und höher. Das anfallende Produkt ist von gleichmäßiger Körnung und ausgereiftem Charakter. Die Abb. 4 zeigt eine solche Anlage im Schnitt.

Das Schleuderverfahren

Bei dem System nach Krause wird die flüssige Masse auf eine tellerartige Schleuderscheibe gepumpt, die in sehr hohe Umdrehungszahlen versetzt wird (bis zu 6000 pro Minute). Was bei den Düsen der Luftdruck verursachte, wird hier durch die Zentrifugalkraft erreicht, die die Masse durch feine Löcher am Rande des Tellers preßt und so zerstäubt. Sonst ist der Vorgang der gleiche. Diese Anlagen sind jedoch wesentlich kostspieliger und nur für Großbetriebe geeignet.

Der wichtigste Teil bei der Zerstäubung nach Krause ist die rotierende Tellerscheibe, mit welcher man auch dicke breiartige Massen zerstäuben kann. Die Grenzen der Leistungsfähigkeit sind außerordentlich weit und bewegen sich zwischen 50 und 15000 kg stündlich. Der Energiebedarf einer mittleren Anlage von 1000 kg pro Stunde ist in dieser Zeit etwa 25 KW. Das Schüttgewicht ist sehr niedrig: 1 Liter der zerstäubten Masse wiegt etwa 500 g. Der Betrieb kann kontinuierlich beliebig lange unterhalten werden.

Die Arbeitsweise ist folgende: Die zu zerstäubende Masse fließt entweder durch eigenes Gefälle oder wird von oben auf die Zerstäubungsscheibe gepumpt. Durch deren außerordentlich hohe Umdrehungszahl schleudert sie die Masse mit sehr großer Kraft nach allen Seiten und zerstäubt sie zu einem feinen Nebel. Von unten her wird dieser Nebel je nachdem von warmer oder kalter Luft wirbelsturmartig durchdrungen. Die vernebelte Masse kristallisiert sofort und fällt als trockner Staub zu Boden, wo dieser durch einen Räumer nach außen befördert und durch geeignete Transporteinrichtungen zu den Verbrauchsstellen weitergeleitet wird. Ein bestimmter Teil des trocknen Staubes wird von der abströmenden Luft mitgerissen und passiert auf seinem Weg ins Freie ein Schlauchfilter, in welchem die Luft filtriert wird. Der Materialstaub wird hier zurückgehalten und durch besondere Vorrichtungen mechanisch abgeschüttelt, wobei er mit der aus dem Turm ausgeschleußten Masse zusammenkommt. Die Abb. 5 zeigt eine solche Anlage im Schnitt. Die Bedienung erfordert, da alles automatisch abläuft, sehr wenig Menschen und erstreckt sich nur auf die Überwachung und Pflege der Apparatur. Unternehmen, die eine hohe Leistung von mehr als 10 to pro Arbeitstag erzielen wollen, müssen sich unbedingt für eine solche Zerstäubungsanlage entschließen.

Eine Sprühanlage ist nur dann als vollwertig anzusprechen, wenn das Sprühgut tatsächlich als abpackfertiges Pulver anfällt. Das wurde zwar — wenigstens früher — von allen Systemen behauptet. Man hat jedoch hierbei bittere Erfahrungen sammeln müssen. Während sich beim Tenneverfahren eingeschlichene Fehler (z. B. ein versehentlich zu hoher Wassergehalt) oder ungünstige Temperaturverhältnisse auf der Tenne durch eine etwas längere Lagerzeit meist von selbst beheben, stößt man beim Zerstäubungsverfahren mitunter auf große Betriebsstörungen z B. Ausschleußen von nassem und schmierigem Produkt, das dann trotzdem auf der Tenne gelagert und anschließend doch gemahlen werden muß, Verstopfen von Transportschnecken und Elevatoren, usw.

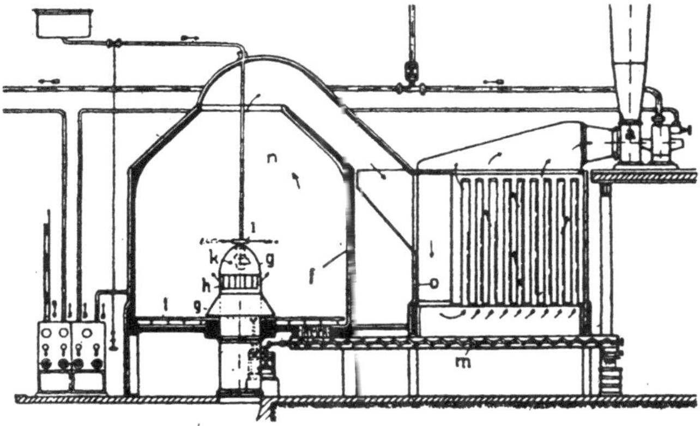

Verfahrens-Schema.

Abb. 5. Sprühanlage nach Krause

Spezialverfahren

Während der weitaus größte Anteil der Waschmittelfabrikation nach den beiden vorher beschriebenen Methoden hergestellt wird, sind noch einige andere Verfahren erwähnenswert, nach denen brauchbare Erzeugnisse erreicht worden sind, die sich aber leider nicht restlos durchsetzen konnten, da sich teilweise bei einer kontinuierlichen Herstellung verschiedene Mängel einstellten.

Es wurde vorgeschlagen, die fertig gemischte und breiige Seifenpulvermasse zwecks schnellere Abkühlung durch wassergekühlte Transportschnecken zu schicken, wobei sie gleich in mahlfertige Brocken zerfallen sollte. Das hat sich insofern nicht bewährt, als sich an den Kühlflächen Schwitzwasser bildete und die Masse sehr schmierig dabei wurde. Auch setzte sich an den Schneckenwänden, durch dieses Schwitzwasser bedingt, harte und festhaftende Schichten an, die Schneckenbruch verursachten. Außerdem war der Kühlwasserverbrauch sehr hoch.

Auch sogenannte Tellertrockner haben sich als ungeeignet erwiesen. Wenn diese gut arbeiten sollen, dann müssen sie bei einer einigermaßen befriedigenden Leistung riesige Ausmaße haben. Als brauchbar hat sich noch der TAG-Trockner gezeigt, bei dem die Masse über wassergekühlte Walzen läuft und von dort durch Messer abgehoben wird. Seine Einführung ist jedoch nicht allgemein.

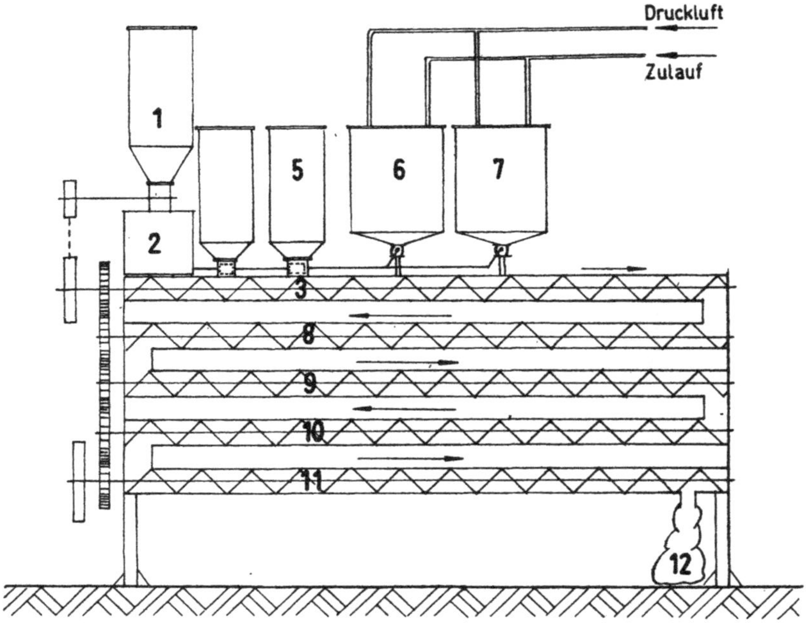

Abb. 6. Anlage zur kontinuierlichen Herstellung von Waschpulver

Weiter verdient ein unter der Nr. G. 109196 IVd/8i zum Patent angemeldetes Verfahren besondere Beachtung, das die Herstellung von Waschpulvern und ähnlichen Kristallisationsprodukten im ununterbrochenen Arbeitsgang ermöglicht. Dieses Verfahren arbeitet ohne Mischkessel, Mischmaschinen, Mühlen und Sichter, erfordert sehr wenig Energie und Arbeitskräfte. Das anfallende Material ist sehr feinkörnig und voluminös. Der Gang dieses Verfahrens ist nach Abb. 6 folgender: Aus einem Silo (1) läuft kalzinierte Soda über eine Dosierungswage (2) in einer bestimmten Menge je Zeiteinheit in die obere Mischschnecke (3). Im Augenblick des Auskippens der Wage werden Speiseapparate (4, 5) in Tätigkeit gesetzt, die weitere feste Substanzen, z. B. Glaubersalz und Tylose, in genau dosierten Mengen der Soda zufügen. Diese Substanzen werden auf dem weiteren Gang gehörig gemischt. Das Gemisch wird durch die Schnecke unter das Druckgefäß (6) geführt, das den Seifenleim oder die Lösung der waschaktiven Stoffe mit dem erforderlichen Wasser enthält. Hier wird durch Druck die Lösung automatisch in das Pulver eingedüst, wobei der Zulauf so geregelt wird, daß nur die dem Pulver entsprechende Menge Flüssigkeit abläuft. Dieser Teil der Schnecke ist so eingerichtet, daß das Mischgut hier unter intensivem Mischen langsam weiter geschoben wird. Der automatische Zulauf der Flüssigkeit wird durch das Kippen der Dosierungswage ausgelöst. Beim weiteren Fortgang gelangt nun die Masse unter das Druckgefäß 7, das ebenso arbeitet wie das erste. Hier werden weitere Flüssigkeiten z. B. Wasserglas unter Druck einverleibt. Der nächste Teil der oberen Schnecke wirkt als Mischer. Beim Übergang in die zweite und dritte Schnecke (8, 9) wird die Masse immer dicker und sehr voluminös. Von hier aus wirken die weiteren Schnecken (10, 11) als Zerteiler, die die Masse durcheinander wirbeln. Beim Auslauf (12) ergibt sich dann das fertige, gleichmäßige, feinkörnige und voluminöse Pulver. Wesentlich ist auch die Einstellung der einzelnen Schnecken. Während die Mischflügel der oberen Schnecken auf geringen Schub gestellt sind, wirken die der beiden nächsten Schnecken als Messer und sind auf stärkeren Schub eingestellt. Über den Schnecken können außerdem noch Luftleitungen angebracht werden, durch die mittels eines Gebläses Luft auf die Masse geblasen wird, um die bei der Mischung von Soda mit Wasser entstehende Wärme wegzuführen, die Masse also abzukühlen, wodurch der Kristallisationsvorgang beschleunigt wird.

11. DER MAHLVORGANG

Walzenmühlen müssen heute als veraltet angesprochen werden. Wenn man auf Leistung sieht, so kommen nur die Schlagkreuzmühlen in Frage. Diese liefern das Mahlgut stets in gleicher Beschaffenheit an, und man hat es in der Hand, durch Wahl der Siebeinlagen die Korngröße nach Wunsch zu bestimmen. Unerläßlich ist es, das Mahlgut vor Aufgabe auf die Mühle durch einen Vorbrecher vorzuzerkleinern. Man kennt Stift-, Daumen- und Messerbrecher. Die Firma Aug. Krull in Helmstedt baut einen solchen nach Abbildung 7, der das Mahlgut in walnußgroße Stücke bricht. Bei einer stündlichen Leistung von etwa 500 kg hat er einen Kraftbedarf von 1 PS. Durch das Vorbrechen arbeitet die Mühle gleichmäßiger. Wird das anfallende Pulver ungleichmäßig, dann ist sofort die Siebeinlage der Mühle zu untersuchen, ob nicht durch einen Fremdkörper ein Loch in die Siebeinlage geschlagen wurde, durch das das Mahlgut unzerkleinert fallen kann. Bei feuchtem oder etwas schmierigem Pulver kann es vorkommen, daß sich das Sieb zusetzt, und damit die Mühle verstopft wird. Dies ist aber durch einfache Handgriffe schnell be-

Abb. 7. Seifenpulveranlage mit Vorbrecher, Elevator und Schleudermühle

hoben, zumal wenn man ein Ersatzsieb zur Hand hat. Die oben erwähnte Firma Aug. Krull in Helmstedt baut eine solche Mühle (Abbildung 8) mit feststehenden Mahlringen, rotierender Schlagscheibe mit Schlagnasen aus Hartstahl. Der Siebkranz ist sehr leicht auswechselbar, und ein aufmontierter Speiseapparat sorgt für eine gleichmäßige Aufgabe des Mahlgutes. Der durch die Mühle erzeugte Gebläsewind wird durch einen Filterschlauch abgeführt. Bei einer Umdrehungszahl von 2500 pro Minute hat diese Mühle eine Leistung von 500 kg pro Stunde, und benötigt hierzu einen Kraftbedarf von 7 PS. Die Abbildung zeigt die Mühle in geschlossenem und geöffneten Zustande.

Abb. 8. Seifenpulvermühle (geöffnet)

Wichtig ist die Fortführung des durch die Schlagmühle erzeugten Gebläsewindes. Dies geschieht normalerweise durch an die Mühle angeschlossene Filterschläuche, die stets sauber gehalten werden müssen, damit sich die Poren nicht verstopfen, und der Luft jederzeit ein freier Durchgang gewährt wird. Mahlt man in versandfertige Säcke, so schaltet man hinter die Mühle eine sogenannte Mahlkammer ein, wie Abbildung 7 zeigt, die eine Pulveranlage obiger Firma darstellt. Aus der Mahlkammer wird außerdem noch die Luft durch einen Ventilator über ein Staubfilter abgesaugt, so daß in der Kammer ein kleiner Unterdruck entsteht, sonst hat man beim Auswechseln der Säcke eine zu starke Staubentwicklung. Bei dieser Anlage wird das Mahlgut durch einen Vorbrecher über einen Elevator der Mühle zugeführt.

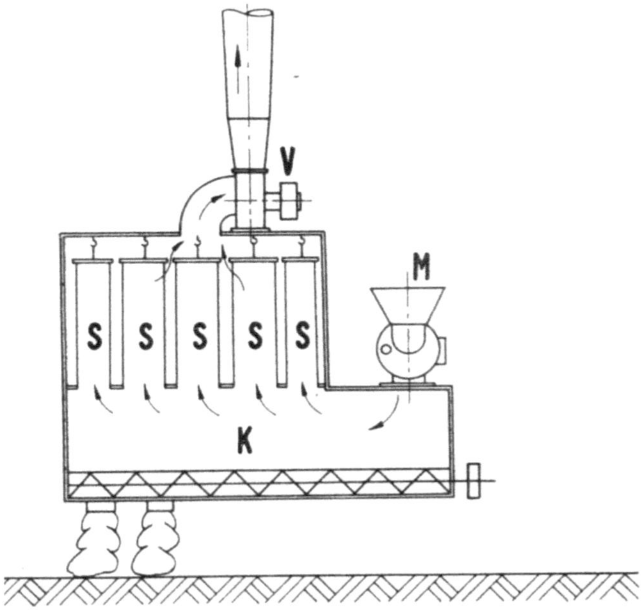

Abb. 9. Mahlkammeranlage mit Entstaubung

Die Staubentwicklung beim Vermahlen der Waschpulver ist immer eine üble Begleiterscheinung, die zu verhindern nicht immer ganz einfach war. Als Grundregel diene hierzu, daß in der gesamten Mahlanlage kein Überdruck entsteht, der den Staub aus den Ritzen und der Auslauföffnung für das Pulver herausdrückt. Die gesamte Mahlanlage muß vollkommen abgedichtet sein, so daß nur der Ein- und der Auslauf als Öffnung vorhanden ist. Ein kräftiger Ventilator saugt aus der Anlage die Luft heraus, so daß an den Öffnungen die Luft nach innen gesogen wird. Auf diese Weise ist die Anlage staubfrei. Es ist selbstverständlich, daß die Abluft durch Filterschläuche vom Materialstaub befreit werden muß, der dem gemahlenen Produkt wieder mit beigemischt wird. Auf regelmäßige Reinigung der Filterschläuche muß geachtet werden, damit die Luft ungehindert entweichen kann. Abbildung 9 zeigt eine solche Anlage in schematischer Zeichnung. Von der Mühle M kommt das Pulver in die Mahl-

Abb. 10. Seifenpulvermischmaschine zur Beimischung von Perborat

kammer K, fällt dort in die Transportschnecke die es in Säcke befördert. Der Ventilator V saugt den Überdruck aus der Kammer K durch die Filterschläuche S ins Freie der abgefilterte Materialstaub fällt zurück in die Transportschnecke und wird mit dem Mahlgut abgesackt.

Abb. 11. Seifenpulveranlage mit
Mischmaschine, Elevator und Abfüllmaschine

12. DAS TROCKENMISCHEN

Bei der Herstellung von Seifenpulver mit Bleichzusätzen müssen diese nach der Vermahlung oder nach dem Sprühen zugemischt werden. Dies geschieht in einfachen Mischmaschinen durch einen gesonderten Mischvorgang. Die Abb. 10 zeigt eine solche Mischmaschine, wie sie von der Firma Aug. Krull in Helmstedt hergestellt wird. Die Maschine ist mit inneren Widerständen ausgestattet, die dazu dienen, bei der Umdrehung der Trommel die Materialien zu vermischen. Zum Füllen und Entleeren der Trommel ist dieselbe mit einer über die ganze Länge gehenden absolut dicht schließenden Klappe versehen. Der Vollinhalt beträgt 200 bis 500 Liter, die Maschine macht in der Minute 30 Umdrehungeen und hat einen Kraftbedarf von etwa 2 PS.

Die Abb. 11 zeigt eine komplette Anlage zum Mischen des gemahlenen Pulvers mit irgendwelchen Zusätzen und anschließendem Abfüllen. Sie wird ebenfalls in der gezeigten Ausführung von oben erwähnter Firma geliefert. Nach dem Mischen wird das Pulver in die darunter befindliche Transportschnecke gekippt und durch den Elevator in die Abfüllmaschine befördert. Außerdem kann diese Anlage zur Herstellung von Reinigungs-, Spül- und Scheuerpulvern, die in der Hauptsache nur durch einen trocknen Mischvorgang erzeugt werden, verwendet werden. In Betrieben mit größerer Produktion ist es vorteilhaft, das Pulver hinter der Mühle oder hinter der Sprühanlage automatisch über sogenannte Beimischungswagen mit Speiseeinrichtung laufen zu lassen. Nach einer Dosierung von bestimmtem Gewicht des gemahlenen oder gesprühten Pulvers durch die Beimischungswage wird das Seifenpulver in eine Mischschnecke entleert, in die eine Speisevorrichtung, die durch die Wage ausgelöst wird, eine bestimmte Menge Perborat oder Perkarbonat über das dosierte Pulver streut. Dieses Quantum wird nun in der Mischschnecke gemischt und weiter befördert, während sich der Dosierungsvorgang automatisch wiederholt, so daß am Ende der Mischschnecke ein kontinuierlicher Strom des fertigen Waschpulvers abgenommen werden kann, der entweder in Säcke gesammelt oder den Packmaschinen zugeführt werden kann.

13. DAS VERPACKEN

1. Von Hand

In kleineren Fabriken erfolgt das Verpacken des Seifenpulvers durch Handarbeit. Zunächst werden, wenn es sich um Faltschachteln handelt, diese, wie sie von dem Papierverarbeitungswerk angeliefert werden, auseinandergefaltet und der Boden zugeklebt. Diese Arbeit wird wesentlich erleichtert, indem man die auseinander gezogene Faltschachtel über einen passenden Holzklotz zieht, den Boden verklebt, mit dem Handballen andrückt und zum Trocknen beiseite legt. Zum Trocknen der frisch geleimten Faltschachteln benutzt man entweder geeignete Körbe oder leichte Holzgestelle, die eine bestimmte Anzahl fassen von da aus werden sie auch gleich gefüllt.

Handelt es sich um Tüten, so werden diese geöffnet. Faltschachteln eignen sich aber besser als Verpackungsmaterial, da sie erstens ihre Form nicht verändern, zweitens ein gefälligeres Aussehen haben und fest in der Kiste oder dem Karton liegen, während sich Tüten immer mehr zusammendrücken lassen und beim Versand in der Kiste dann hin und her fallen und dadurch unansehnlich werden.

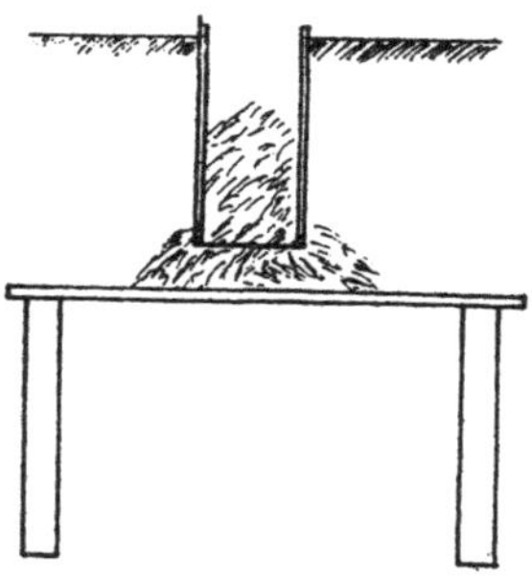

Abb. 12. Packtisch mit Füllschlot

Die getrockneten Faltschachteln werden nunmehr gefüllt. Man schüttet auf einen Tisch eine bestimmte Menge Seifenpulver oder bringt über einem Tisch einen Holzschlot an, Abb. 12 zeigt, in den man vom Stockwerk darüber das Pulver hineinschüttet. Ist der Schlot unten mit Pulver gefüllt, so braucht man beim Einschütten keine Staubentwicklung zu befürchten. Das Pulver wird nun mit kleinen Handschaufeln, die gerade ungefähr den Inhalt einer Schachtel fassen, eingefüllt, auf einer einfachen Wage austariert, dann verklebt und in Kisten oder Kartons verpackt.

2. Das maschinelle Verpacken

Um das Pulver von der Mühle oder dem Zerstäubungsaggregat zu den einzelnen Verbrauchsstellen, wie Packmaschinen, Abfüllstationen, zu befördern, bedient man sich in der Hauptsache der Transportschnecken oder Transportbänder. Bei den mit Fettsäure hergestellten Seifenpulvern waren die Transportschnecken am besten geeignet. Es sind dies Holz- oder Blechtröge, in denen sich Schnekkenwellen drehen und das Pulver durch Schub transportieren. Da das Pulver in den Schnecken stark aufgewirbelt wird, müssen diese gut abgedeckt sein, um eine Verstaubung der Räume zu vermeiden. Der Antrieb der Schnecken erfolgt durch Riemenscheiben oder Zahnräder.

Mit dem Ersatz des Fettes durch andere waschaktive Substanzen wurden die Pulver auch meist stark wasserhaltig. Diese Pulver vertragen nun das fortwährende Herumwirbeln und Schieben, was einem Kneten gleichkommt, schlecht und werden dabei schmierig und kittig, so daß Störungen unvermeidlich sind. Man hat diese dadurch vermieden, daß man die Schnecken durch Transportbänder ersetzte, durch welche das Pulver nicht geschoben, sondern getragen wird. Durch schräg gestellte Abstreifer kann das Pulver von den Bändern auch seitlich abgenommen werden. Bei den Transportbändern ist darauf zu achten, daß von dem unteren Trum mitgeführter Staub abfällt. Deshalb müssen diese Bänder ebenfalls in langen Kästen laufen, die so eingerichtet sein müssen, daß der Boden von Zeit zu Zeit gesäubert werden kann, da sonst das Band auf dem abgefallenen Staub aufschleift. Die endlosen Bänder laufen an den Enden über Walzen, von denen eine verstellbar sein muß, um dem Band die nötige Spannung geben zu können. Alle 2—3 Meter müssen die Bänder durch Rollen unterstützt werden, die hohl ausgedreht sind, um dem Band die V-Form zu geben, damit das Pulver nicht seitwärts abfallen kann.

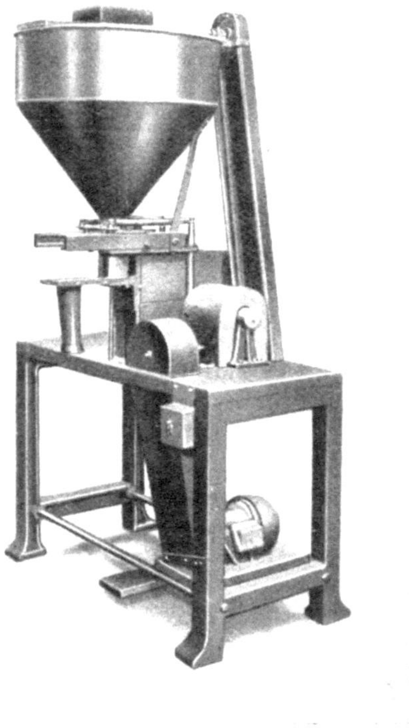

Abb. 13.

Um das Pulver in die Höhe zu befördern, bedient man sich der Elevatoren, wie in Abb. 7 u. 11 bereits gezeigt. Hier unterscheidet man Ketten- und Bandelevatoren, je nachdem die Becher, die aus Blech angefertigt sind, auf Gliederketten oder Gurtbändern aufgeschraubt sind. Die Becher laufen in Holz- oder Blechrohren mit ziemlicher Geschwindigkeit und wirken als Ventilator. Aus diesem Grunde ist es ratsam, den entstehenden Überdruck abzusaugen, weil derartige Elevatoren Staubquellen darstellen.

Die Produktion kann wesentlich gesteigert werden durch Verwendung von Abfüllmaschinen, deren es im Handel eine Menge guter Fabrikate gibt. Das Seifenpulver wird mit einer selbsttätig arbeitenden Abfüllmaschine fertig gepackt, die Leistung einer solchen Maschine beträgt in der Stunde etwa 1200 bis 1800 Pakete. Das Hauptmerkmal einer solchen Maschine ist die unbedingte Genauigkeit der

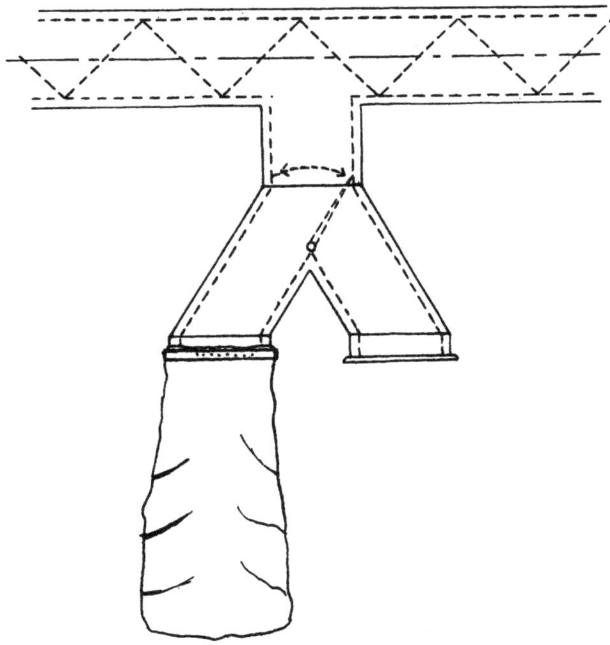

Abb. 14. Abfüllstation: Transportschnecke mit Hosenrohr

Dosierung, durch welche ein Nachwiegen der Packungen überflüssig wird. Die Abfüllung selbst erfolgt mit Hilfe eines schwingenden Meßkolbens, welcher das Abfüllgut aus dem Vorratsbehälter einsaugt und in die untergestellten Packungen ausstößt. Der Meßkolben ist in weiten Grenzen verstellbar, die Maschine daher für feinpulveriges und grobkörniges Abfüllgut jedes spezifischen Gewichts unter Gewähr genauer Abfüllung verwendbar. Abbildung 13 zeigt eine solche Maschine, wie sie von der Firma Josef Werneke, Düsseldorf hergestellt wird. Schließt man an die Abfüllmaschine ein kleines Trans-

Abb. 15. Seifenpulvermühle mit Absacktrichter

portband an, so hat man Fließarbeit. Auf jeder Seite des Bandes sitzen eine entsprechende Anzahl Frauen, die den Ausstoß der Maschine aufnehmen und verarbeiten.

Ganz groß arbeiten die vollautomatischen Packmaschinen, die die Faltschachteln selbsttätig herstellen, füllen und schließen. Eine solche Maschine leistet ganz gewaltige Mengen ohne irgendwelche Handarbeit. Zwei Frauen sind nur damit beschäftigt, die fertigen Pakete in Kisten zu verpacken.

3. Unverpacktes Pulver

Wird das Pulver gleich in Säcke verpackt, so bedient man sich eines sogenannten Hosenrohres (Abb. 14), das an einer Transportschnecke angebracht wird. Während der eine Sack, der gefüllt ist, abgenommen wird, wird durch Hebelumschaltung der nächste Sack schon wieder gefüllt, und in der Zwischenzeit kann der erste Sack gewogen werden. Noch besser eignen sich die sogenannten Absackwagen, die bei einem bestimmten, vorher eingestellten Füllgewicht die Füllung automatisch beenden. Hierbei hat man stets gleiche Füllgewichte, und es können keine Wiegefehler eintreten.

14. DER VERBRAUCH AN WASCHMITTELN

Bei Beginn des letzten Weltkrieges wurde jedem Verbraucher laut Reichsseifenkarte eine Menge von 250 g Waschpulver für den Monat zugestanden. Nach Ansicht der gewerblichen Wäschereien waren damit 5 kg Trockenwäsche zu reinigen. Das ist an sich nicht viel, aber wird wohl heute, nachdem der Wäschebestand über ein Jahrzehnt nicht ergänzt werden konnte, ungefähr zutreffend sein. Das ergibt jährlich 60 kg und bei rund 60 Millionen Einwohnern (Zonengrenzen nicht beachtet) eine Jahresmenge von 3,6 Millionen Tonnen Trockenwäsche. Diese entsprechen also nach obigem Bezugsrecht 180 000 Tonnen Waschpulver. Rechnet man wie üblich beim Waschen mit einem Flottenverhältnis von 1:5, so braucht man für die 3,6 Mill. to Trockenwäsche 18 Mill. to Waschflotte, die bei einer 1%igen Waschlauge ebenfalls 180000 to Waschpulver ergeben. Mit dieser Menge ist in den jetzigen Verhältnissen bestimmt zu rechnen und sie erhöht sich in dem Maße, wie der Wäschebestand in der Zukunft wieder wächst. Ein Anwachsen des Waschmittelbedarfes ist auch durch die allmähliche Verbesserung der Wohn- und Lebensverhältnisse überhaupt zu erwarten.

SACHWORTREGISTER

Abfüllmaschine 55
Adsorption 10
Ammoniakseifenpulver 30
Ätznatron 16
Ausschleifen 15

Beimischungswaage 53
Bleichen 7
Bleichsoda 30

Düsenverfahren 40

Einweichen 7
Elevatoren 55
Emulsion 9
Enthärten 8
Enthärtung d. Kalk-Soda 23
Enthärtung d. Phosphat 24
Enthärtung d. Basenaustausch 24

Farbe d. Waschpulver 33
Feinheit d. Waschpulver 33
Fettansatz 12
Fettaromat. Sulfosäuren 26
Filterschlauch 42, 48
Fondin 21

Gardinol 26
Gebläsewind 49
Geruch d. Waschpulver 33
Glaubersalz 21
Griff d. Waschpulver 33

Hosenrohr 58

Igepane 27
Igepone 26
Invertit 24

Kalunit 27
Kochen d. Wäsche 7, 8
Körtingverfahren 40
Kompressoren 43
Krauseverfahren 40, 44
Kristallisationsvorgang 37

Leblancverfahren 17
Leimniederschlag 15
Luftgebläse 35

Mahlkammer 50
Mahlvorgang 47
Mersol 12, 26
Mersolat 12
Mersolatpulver 32
Metaphosphat 25
Metasilikat 11
Mischkessel 36
Mischmaschine 34
Mischschnecke 53
Mischvorgang 33

Nässen d. Waschpulver 32
Natriumperborat 22
Natriumperkarbonat 23
Natriumpyrophosphat 25
Natriumsulfat 21
Nekal 27
Netzvermögen 10

Oberflächenspannung 10
Ochsengalle 31

Packmaschinen 54, 58
Permutit 24
Phosphate 11, 25

Relatin 21
Rührkessel 34

Sapamine 27
Sauerstoffraß 23
Schlagkreuzmühlen 47
Schleuderverfahren 44
Seife, Herst. a. Neutralfett 13
Seife, Herst. a. Fettsäuren 16
Seifenpulver, reines 28
Seifenpulver m. 15—40% Fetts. 29
Soda 17
Soda, leichte u. schwere 18
Soda, Untersuchung v. 19
Solvayverfahren 17
Spezialverfahren 45
Sprühverfahren 38
Spülen 7, 8
Staubentwicklung 50
Supralan 27
Synthet. Waschmittel 25

TAG-Trockner 46
Tellertrockner 46
Tenneverfahren 37
Transportbänder 54
Transportschnecken 45, 54
Trinatriumphosphat 25
Trockenheit d. Wasehpulver 33
Trockenmischen 53
Türkischrotöl 26
Tylose 21

Verbrauch an Waschmitteln 58
Verpacken, maschinell 54
Verpacken von Hand 53
Vorbrecher 47

Waschaktive Substanz 31
Waschmittel, Zusammensetzung 28
Waschpulver, Farbe 33
Waschpulver, Feinheit 33
Waschpulver, Geruch 33
Waschpulver, Griff 33
Waschpulver ohne Seife 30
Waschpulver, Trockenheit 33
Waschvorgang 7
Waschwirkung 9
Wasser 23
Wasserglas 20
Wasserhärten 25
Wofatit 24

Zelluloseverbindungen 11, 21